U0180718

ON THE ORIGIN
OF SPECIES

CHARLES DARWIN

物 种 起 源

〔英〕达尔文 著

傅力 译

云南人民出版社

果麦文化　出品

自然界没有飞跃

目录

在我作为一位博物学家乘坐"小猎犬"号船环游世界期间，我对南美洲生物的分布、现存生物与古生物之间的地质关系感到非常惊讶。这些事例似乎让我们对物种起源有了一些认识。1837年回国后，我花了五年时间思考这个问题，并记录了一些简短的笔记。到了1844年，我把这些观点扩展为一篇结论性的概要，当时我就认为这些结论很可能是正确的。从那时起至今，我一直坚定地追求这个目标。请大家原谅我讲述这些个人细节，这是为了证明我并没有草率地得出这些结论。

如今，我的工作已接近尾声，但仍需两三年时间才能完成。鉴于我的身体状况不佳，有人建议我先发表这篇摘要。我这样做的原因是，华莱士先生目前正在研究马来群岛的自然历史，他在物种起源问题上得出了与我相似的结论。继而我从概要中摘录一些内容，与华莱士先生的杰出研究报告一起发表，为此我深感荣幸。

现在发表的这篇摘要必然是不完美的。我无法在此为我的论述提供详细的参考文献和证据，但我希望读者能对我得出的结论抱有信心。毫无疑问，尽管我一直谨慎对待，查阅权威资料，但错误难免。在这本书中所讨论的每一个论点都可以找到支持的例证，但在解释这些例证时也可能得出与本书相反的结论。

关于物种起源，我将在本书第一章讨论驯养状态下的变异。因此，我们将了解到大量遗传变异至少是可能的，更重要的是，我们将看到人类通过特定的选择积累连续的微小变异，最终产生显著差异。接下来，我在第二章会讲述自然状态下物种的变异。在第三章中，我们将讨论世界上所有生物之间的生存斗争，由于每个物种出生的个体数量远超过可能存活的数量，因此物种之间存在着持续的生存斗争。任何生物在复杂且不断变化的生活条件下，以任何对自身有利的方式进行变异，无论变异多么微小，都将带来更多的生存机会，因此就被自然选择了。从遗传原理来看，任何被选择的生物都会倾向于繁衍其变异后的新形态。

第四章将对自然选择这一基本主题展开较长的论述。我们将看到自然选择如何导致较不完善的生物大量灭绝，并引发我所谓的性状分歧。在第五章中，我将探讨复杂且鲜为人知的变异规律和生长规律。在接下来的第六章至第九章这四章中，我将讨论自然选择理论中最明显和最重大的难点。第一个难点是过渡，即如何理解一个简单的生物或一个简单的器官演变为一个高度发达的生物或构造精致的器官。第二个难点是本能，也就是动物的精神力量。第三个难点是杂交，即物种杂交的不育性和变种杂交时的可育性。第四个难点是地质记录的不完整性。在第十章中，我考察了生物在时间尺度上的地质演替。第十一章和第十二章描述了它们在空间上的地理分布。第十三章论述了生物在胚胎期和成熟期的分类或相互的亲缘关系。在最后一章，我将对整部著作进行一个简要的概括，并给出一些结论。

我们应该充分认识到自身对生活在周围的所有生物之间关系的无知程度，以及物种和变种起源中仍存在许多未解之谜，虽然许多问题我们至今仍无法弄清楚，而且还将长期如此，但经过最审慎的研究和冷静的判断之后，我坚信大多数博物学家所接受的观点，以及我以前所接受的观点，即"每个物种都是独立创造的"是错误的。我坚信物种并不是一成不变的，那些属于同一属的物种，是其他一些通常已经灭绝的物种的直系后代，就像任何一个物种的公认变种是该物种的后代一样。此外，我相信自然选择是主要的而非唯一的变异途径。

第一章

驯养下的变异

我们发现，驯养的动植物比在自然环境中生长的那些更具差异性。因为在长期的时间里，我们给它们提供不同的气候和管理条件，所以它们产生了一些变化，包括摄入太多食物也可能导致它们发生变异。一旦它们开始变化，这种变化通常会持续很长时间。而且根据记录，在培育过程中，从长期来看，驯养生物的变异一直都在进行，没有停止过。最古老的栽培物种和驯养动物至今仍在不断变异和改良。这就是为什么我们有那么多种不同的植物和动物，因为它们一直在适应我们给它们的环境。

　　它们的生殖系统也有一些奇怪的规律。有些驯养动物可以自由繁殖，而有些则很难。许多栽培的植物也是如此，它们长得很好却无法结籽。看起来，生殖系统比其他部分更容易受到环境刺激的影响。

　　在园艺学中，我们经常听到"芽变植物"这个术语，它指的是植物会突然产生一个芽，与该植物其他部分有着截然不同的新特征。这种芽变尽管在自然界中很少发生，但在人类的栽培中时有发生。芽变现象表明，变异并不一定与生殖行为相关。该现象支持了我的观点，即变异可能主要归因于胚珠或花粉受到亲本在授粉之前处理过的影响。

— 芽变植物 —

同时，动物和植物的习性也可以对它们的形态和行为产生影响，就像我们改变了它们的生活环境一样。比如，当植物生长在不同的气候环境中，花期会发生改变。在动物身上，这种影响更加明显。例如，家鸭的翅骨相对于整个骨骼的比例要比野鸭轻，腿骨相对于野鸭来说要重。这可能是因为家鸭飞得少，走得多。在一些国家，挤奶会使奶牛和山羊的乳房变得更大，而且这种特征可以遗传给下一代。在另一些国家，所有家畜的耳朵都是耷拉着的，因为动物很少受到惊吓，所以不经常使用耳朵的肌肉。

变异的规律非常复杂，但其中有一个被称为"相关变异"的规律，指的是胚胎或幼虫发生的变异可能会影响成熟个体的特征。例如，四肢较长的动物通常也会有较长的头。有些例子非常奇特，比如全身毛色是白色并拥有蓝眼睛的猫通常会失聪。根据收集的例子，白色的绵羊和猪吃了某些植物后会受到损害，但深色的个体却不受影响。无毛的狗的牙齿也往往不健全。因此，如果我们想要选择并加强某个特性，身体其他部分的构造可能会发生改变，这是一个神秘的相关法则。

生物的变异非常复杂，有很多规律人类都还没完全了解。但是，我们知道一些变异是可以遗传给后代的。可遗传的变异数量和种类是无穷无尽的。有些研究人员花费了很多时间去研究这些变异，他们认为生物的遗传倾向是非常强的。很多人相信这个观点，甚至这已经成了一种基本信仰。当我们看到某些变异在亲本和后代身上同时出现时，我们可能还不能确认是遗传。但是当某些非常罕见的变异在数百万个体中都出现时，我们就必须承认这些变异是遗传的。大家一定听说过家族中多个成员都患有同一种病的情况，这就是一种遗传性状。

遗传规律还有很多未知之处。我们不知道为什么有些特征可以遗传，而有些却不能。我们也不知道为什么有些特征只能传给同性，而有些却能传给异性和同性。但是，有一些规律是可信的。例如，一个特征无论在生命的哪个阶段出现，都可能在后代的相同阶段中出现，有时可能会提前一些。这对于解释胚胎学规律非常重要。而且这个规律适用于许多生物。比如牛角的遗传特性通常在其后代接近成熟时才会出现，而蚕的特性往往在幼虫期或蛹期出现。然而，遗传病和其他一些例子使我相信这些规律能在更广泛的范围内适用。

关于返祖问题，有些博物学家认为，人工养殖的变种回归野生状态时，会逐渐恢复原始祖先的性状。但这个观点并不完全正确。因为大多数明显变异的驯养物种在野生环境中难以生存，我们已经无法确定它们原始祖先的性状究竟如何，所以无法判断所谓的返祖现象是否合理且完整。但在某些情况下，变种确实可以重现祖先的一些性状，例如我们在贫瘠的土壤中种植白菜，那么大多数甚至所有的白菜都可能会恢复野生祖先的性状。在自然界中，当生存条件确实发生变化时，性状的变异和返祖确实也可能发生。但是，自然选择将决定这些新出现的性状能够保留多久。

当我们养殖动物和栽培植物时，它们的性状通常会与野生物种有所不同。这些驯养物种即使是与自然状态下最相近的物种进行比较，也可能表现出畸形和身体部位的极端差异。虽然这种差异与近缘野生物种之间的差异情况相似，但在大多数情况下驯养物种间的差异更为细微。我们需要承认这一点，因为有些人认为家养物种是原始物种的后代，而另一些人则认为它们是新的变种。虽然有些博物学家认为驯养物种间的性状差异不具有属别价值，但我认为这种说法是错误的。根据我的观点，我们不应该期望总能在驯养物种中发现属别这个层级的差异程度。

人们普遍认为，人类挑选驯养的动植物有着与众不同的内在变异倾向，而且能够适应各种气候条件。这些适应能力大大提高了大多数驯养生物的价值。但是，我们未开化的祖先最初驯养某种动物时，他们怎么知道这种动物是否会在后代中发生变异，并能够适应其他气候呢？例如，驴和珍珠鸡的变异性较低，驯鹿耐热能力较差，骆驼耐寒能力同样较差。但这些问题并没有阻碍它们被驯养。我们可以确定的是，如果从自然界中挑选出一些与我们的驯养物种相似的动植物，并在相同的驯养条件下进行繁殖，那么它们会与我们现存的物种一样发生变异。

我们现在知道，古代的埃及人驯养了各种各样的动物，包括和现在的品种很相似的动物。但是，我们无法确定这些动物是从同一个物种演变而来，还是从多个不同的物种中驯养出来的。一些人根据古代的碑文和记录，认为驯养动物具有多种起源，但这些记录很古老，有些记录甚至比我们现在种植的作物还要古老。我们现在可以通过一些研究来推断，可能在一万三千或一万四千年前，尼罗河河谷地区已经存在陶器文明了。因此，我们不能排除可能存在野人驯养狼狗的可能性，就像现在火地岛和澳大利亚可能存在野人一样。

根据地理位置，我们可以猜测家犬的祖先可能来自几种不同的野生动物。根据专家布莱斯先生的研究，印度驼背牛可能与欧洲牛有不同的原始祖先。有些人认为欧洲牛有多个野生祖先。关于马的问题，不同的专家持有不同的观点，我认为所有马都来自同一个祖先，但具体的论据还需要进一步探讨。布莱斯先生则认为所有鸡的品种都是野生印度鸡的后代。至于鸭子和兔子，它们的品种之间存在很大的差异，但很可能都是由普通的野鸭和野兔演变而来的。

有些人认为我们驯养的动植物来自多个祖先，但这个理论有时被推理得荒谬。他们认为，每个纯种繁育的驯养物种，即使区别极微小，也都各自有野生祖先。按此理论，仅在欧洲一地就有不下于二十种野牛、二十种野绵羊、数种野山羊。但事实上，英国已经几乎没有特有的哺乳动物了，法国也仅有少数哺乳动物与德国不同。全球狗的品种，我认为它们源自几个野生种的演化，当然其中有大量遗传变异。因为意大利灵缇犬、寻血猎犬、斗牛犬或布莱尼姆犬等，与所有野生犬科动物相貌迥异。

谁会相信，与它们几者都极为相似的动物曾在自然状态下自由生存过？尽管我们可以选择具有所需性状的个体进行杂交，但想要从两个截然不同的物种得到一个中间物种是难以置信的。塞布赖特爵士专门为此做过实验，但失败了。两个纯系品种初次杂交后所产生的后代，性状都差不多，有时极为一致，一切看似简单。然而，当我们让这些杂交种数代互相杂交后，它们的后代简直没有两个是彼此相像的，我们无法得到一个特定的品种。

我最近对家鸽进行了研究，并发现了这些有趣的事情。家鸽有许多不同的品种，它们有很多奇怪的特点和差异。英国信鸽和短面翻飞鸽在喙的形状上有很大的不同，因此头骨也不同。英国信鸽的雄鸟头部周围有很多奇怪的肉突，还有很大的嘴巴、眼睛和外鼻孔。短面翻飞鸽的喙看起来像雀类。还有一些翻飞鸽有一个有趣的遗传特性，它们能够在空中翻转并形成紧密的群体。侏儒鸽的身体很大，喙很长而且很粗，脚也很大。有一些亚种的脖子很长，有些翅膀和尾巴很长，有些尾巴则特别短。短喙鸽和英国信鸽很相似，但它的喙不长，是短而宽的。球胸鸽的身体、翅膀和腿都很长，它的嗉囊特别发达，可以因得意而膨胀。浮羽鸽的喙呈锥形，胸下有一列倒生的羽毛，它们还有一种特殊的习性，食管上部会不时微微胀大。毛领鸽的羽毛沿着脖子的背面向前倒竖而形成羽冠。它们的翅膀和尾巴的羽毛都很长。喇叭鸽和笑鸽的叫声与其他品种极为不同。扇尾鸽的尾巴有三十甚至四十根尾羽，能够展开并竖立起来，而且它们的脂肪腺退化得很厉害。

— 家鸽的变异 —

　　家鸽的品种之多，非常惊人。如果你把这些鸽子拿给鸟类学家看，告诉他们这些鸽子都是野生的，他们肯定会把它们分成很多不同的物种。英国信鸽、短面翻飞鸽、侏儒鸽、短喙鸽、球胸鸽和扇尾鸽都是不同的品种，它们之间的差异非常明显，甚至每个品种中都有若干个不同的亚种。这些鸽子的身体骨骼、面部骨骼、喙的形状和长度、尾巴的长度等都不同，而且它们的叫声和性格也有所不同。所以，我们可以得出结论，家鸽的品种之多，足以让人惊叹，鸟类学家也会将它们分成很多不同的物种。

不同品种的鸽子看起来都很不同，但科学家们认为它们都是从原鸽这个野生物种演化而来的。我们为什么认为这些品种都是从同一个物种演化而来的呢？因为它们都有与原鸽相似的习性和特征。有一些理由支持这种看法，比如说，如果这些鸽子不是从同一个物种演化而来的，那么至少也是从七八种不同的物种演化而来的。因为只有这么多的原始物种进行杂交，才能产生现在这么多的家鸽品种。同时，最近的经验也表明，让野生动物在人工养殖的环境下自由繁殖是非常困难的，更何况是需要驯化七八种呢。因此，我们认为这些家鸽品种都是从同一个物种演化而来的。

让我们来谈谈鸽子的颜色和标记吧。原鸽通常是深灰青色的，尾巴是白色的，而且有一条暗色的条带。它们的翅膀上有两条黑色的条带。但是，其他的鸽子品种都有自己独特的颜色和标记。如果我们精心饲养它们，这些标记有时候会变得非常明显。而且如果我们让不同品种的鸽子杂交，它们的后代可能会突然获得父母品种的某些颜色和标记。有一次，我将一只纯白色的扇尾鸽和一只纯黑色的短嘴鸽杂交，它们的后代有黑色和褐色的斑纹。当我再让这些杂交种进行杂交时，它们的孙辈鸽子竟然变成了青色、白色尾巴和两条黑色的横带，甚至有条纹和白边的尾羽，就像野生原鸽一样美丽。这说明了什么呢？这表明所有的家鸽都来自野生原鸽，并且有一些返祖遗传原理的作用。这个原理是说，某些后代可能会拥有祖先的颜色和标记。

为了证明所有人工驯养的鸽子品种都是从原鸽和它的地理亚种演化而来，我找到了如下证据。第一，野生的原鸽在欧洲和印度能够被人工养殖，并且它们的特性和大部分构造的特点和人工养殖的品种非常一致。第二，英国信鸽、短面翻飞鸽虽然和原鸽在某些方面不同，但是它们的一些亚种有着相似的构造特征。第三，每个品种的主要区别性状都非常容易变异。最后，人们在世界各地都已经饲养了鸽子数千年，这些观察为解释鸽类变异提供了重要的证据。

很多家养动植物的培育者坚信他们所养育的各个品种是从很多不同的原始物种演化而来的。但实际上，这些培育者只是注意到了各个品种之间的微小差异，并选择了这些微小的变异来培育出更好的品种。相比之下，博物学家则了解到更复杂的遗传法则，知道在漫长的演化过程中，许多连续世代积累起来的轻微差异也能产生显著的影响。因此，他们能够认识到许多驯养的动植物是从同一祖先演化而来的。

现在，让我们简单地讨论一下，为什么人类可以通过选择让动物和植物从一个物种或几个近似物种演化而来。驯养的动植物最显著的特色之一是它们的适应是为了人类的使用或爱好，而不是为了它们的自身利益。这是人类和自然界的一个巨大区别。

有一些被人类使用的变异可能是突然发生的、一步到位的。例如，许多植物学家认为，有刺钩的起绒草是野生川续断草的一个变种，而这种变化也许是在某一株苗上突然发生的。但是，当我们比较辕马和赛马、单峰骆驼和双峰骆驼、羊毛用途不同的各种绵羊、对人类有不同用途的各种狗、从不孵蛋的蛋用鸡和小巧玲珑的矮脚鸡以及各种农艺植物、蔬菜、果树、花卉时，我们发现这些品种在不同季节，因不同目的服务于人类，又或者美丽鲜艳，让人赏心悦目。我们无法设想这些品种全都是突然产生的，而且还一蹴而就地变得像现在我们所看到的那样完美。

人类对于选择的积累是其中的关键因素。自然界给予了连续的变异，人类在对自身有利的一定方向上积累了这些变异。这样，人类为自己制造了有用的品种。

选择是改变动物品种的一种伟大力量，它是有根据的，不是凭空想象。有些培育者花了很长时间，有时甚至是一生，才成功地完成某些牛羊品种的显著改变。培育者常说，动物的体质是可塑的，可以几乎任意地塑造。

一些权威人士的著作中有很多关于这种效果的记载。世界上最熟悉农艺工作的人——尤亚特说，选择原则可以彻底改造畜群。选择就像魔术师的魔杖，它可以随心所欲地把生物塑造成任何形式。

说到家禽家畜的品种改进，有些培育者可是大有成就，这也能从它们高昂的价格中看出来。而这些优秀品种，几乎已经被出口到全球各个角落了。但这并不是靠简单的杂交就能实现的。最优秀的培育者强烈反对杂交，即使使用杂交也要对后代进行仔细选择。但选择之所以重要，是使之在若干连续世代里向一个方向累积起来而产生极大的效果。对于这些微小的差别，人眼依然难以察觉，普通人很难具备这种敏锐的眼力和判断力。即使只是想要成为一个熟练的养鸽者，仍需要天赋和多年实践。

园艺家也是按照同样的选择原则进行工作的。植物的变异往往更为突然，但没有人认为只由原始祖先一次变异就能产生最优秀的品种。许多例子都可以证明这一点。园艺家会仔细检查苗床，拔出与正规标准存在差异的"劣种"。

也许你会认为选择原理是最近才被人们发现的，但其实早在古代人们就已经认识到了它的重要性。在英国古代，就有法律禁止出口优秀的动物品种，同时还有明令规定体形不符合要求的马匹必须被淘汰。园艺家也会把不符合标准的植物拔除。既然我们知道了优劣品质的遗传对于生物品种的重要性，那么重视选择就变得非常必要了。

英国赛马经过细心训练和选择，速度和体形已超过了原产地的阿拉伯马，所以比赛规则也相应地调整了。牛的重量和成熟期也随着时间增加而提高。鸽子也经历了类似的改变，和它们的祖先相比，现在的信鸽和短面翻飞鸽变化很大。一些改变有时是无意识选择的结果，即培育者并没有预期或期望却得到了两个独特的品种。举个例子，有两群莱斯特绵羊，它们的血统来自同一个源头，但经过五十多年的无意识选择，两群绵羊却变得截然不同，看起来就像不同的变种。

— 赛马体形 —

如果我们回到很久以前，有些人可能从未意识到他们所饲养的动物的后代会遗传什么性状。但是如果某种动物在某方面对他们非常有用，比如提供了食物和保护，他们就会特别珍惜这些动物。这样，他们就会不自觉地选择这些更优秀的动物，而这些动物的后代比劣等动物留下的更多。这就是无意识的选择。

　　在植物界中，偶然地保存下最优良的个体，可以使整个品种逐渐改良。即使最初出现时它们并没有太大的区别，或者是由于杂交而混合了两种或更多的物种，这个改良过程仍然可以清晰地辨识出来。现在我们可以看到，一些植物品种如三色堇、玫瑰、天竺葵和大丽花，与旧品种或它们的亲本相比，在形态和美观度上都有所改善。没有人会期待用野生植物的种子获得优质的三色堇或大丽花。虽然人类从古代时期就开始种植梨树，但那时的梨品质并不高。然而，通过一代又一代的选择和培育，园艺家们从不断提升的梨树中获得了越来越好的果实品质。虽然其中有些品种是无意识地获得的，但这种改进的过程可以清晰地看到，它需要选择最好的变种来种植，并不断地选择更好的变种，如此周而复始。

　　许多植物的样子和功用已经在人类长时间的培育中发生了很大的变化，以至于我们已经无法辨认它们的野生原种了。这种变化是缓慢而无意识的，但是它积累起来非常巨大。我们现在用来栽培的许多植物，都经过了几千年的改良或变化。相比之下，澳大利亚、好望角和其他未开化民族居住的地区虽然植物种类很多，但这些植物还没有达到像古文明国家的植物那样的优良程度，因为它们还没有经过连续的选择和改进。

同种动物的体质或构造，导致在某些地区它们能生活得更好。那么在两个条件相差较大的地方，就会形成两个亚种，这就是所谓的自然选择。人类进行人工选择，我们能够培育出符合我们需要或爱好的家养品种。我们只能选择外部性状，而无法选择内部器官的偏差。这也能解释为什么它们经常具有奇异的性状。除非大自然给人类提供一些轻微程度的变异，否则人类是没有选择可言的。在看到一只鸽子尾巴在某些微小程度上已发育成异常状态之前，人们不会试图育出一只扇尾鸽。

不要以为只有构造上的某种大偏差才会引起养鸽者的注意，他能注意到非常小的差异，而且人类本性就是会珍视自家财物的任何新奇点，哪怕非常轻微。尽管现在的鸽子已经固定成了各品种，但仍会发生许多轻微的变异，而这些变异却被认为是缺点或因偏离标准而被舍弃。

现在我来跟你聊一聊人工选择的好处和坏处。显然，高度变异性很有用，因为它提供了大量选择材料。但对人类有用的变异是偶然出现的，所以要饲养大量个体，这样才能增加变异出现的概率。数量非常重要。一个人曾说过，约克郡各地的绵羊一直无法被改进，因为它们通常被穷人养，只是小群圈养。与此相反，园艺家栽培大量同样的植物，所以相比业余者，成功的概率更大。同时，人类必须非常关注动植物，密切观察它们的质量和构造微小的变异，这一点至关重要。只有这样才会有成效。当园艺家开始关注草莓时，这种植物刚好开始变异，这是非常幸运的。草莓自被栽培以来，一直在变异，只是人们未曾注意到其微小的变异。一旦园艺家选出了几个更好的草莓植株，它们具备稍大些的、稍早熟些的或者稍好些的果实，就会从它们中培育出幼苗，再从中选出最好的幼苗进行繁殖，最终培育出优秀的草莓变种。

在分性别的动物中，防止杂交会是影响形成新品种的重要因素。关于这一点，圈地起着重要作用。居无定所的未开化人，或者开阔平原上的居住者，所饲养的同一物种很少有超过一个品种的。鸽子的配偶终身不变，这对育种员来说极为方便，因为不同品种在同一笼中混养也能纯种繁殖，这种环境一定在很大程度上促进了新品种的形成。我需要补充说明的是，鸽子能大量而迅速地繁育，劣种的鸽被杀掉以供食用，自然也就被淘汰了。我承认有些家养动物的变异程度比其他动物低，但猫、驴、孔雀、鹅等动物很少有独特的品种，其主要原因可以归结为人类的选择没有发挥作用。猫是由于难以控制交配。驴是由于只有穷人少量饲养，且不重视它的繁育。孔雀是由于难以饲养，种群不够大。鹅是由于只有两种用途：供食用和取羽毛，而且人们对鹅有无独特的种类并没有兴趣。

把现有关于家养动植物的起源总结一下。我认为，生存条件的改变是导致变异的最重要因素，它可以直接作用到生物构造上，也可能间接影响其生殖系统。某些学者认为，所有生物的变异性都是与生俱来的，是必然的，对此我不认同。不同程度的遗传和返祖，会影响着变异。变异性由很多未知的法则所支配，其中最为关键的是生长相关的法则。有一部分能够归因于生活条件的一定作用，有些变异可能是因为身体部位的使用增加或减少而造成的。某些情况下，不同原始种的杂交，与一些品种的起源好像有十分重要的关系。在地区范围内，若干家养品种一经形成之后，偶然的杂交，辅之以选择，对于新亚种的形成有很大帮助。不过，无论是动物，还是以种子繁殖的植物，杂交的重要作用被严重夸大了。虽然对于暂时以插枝、芽体嫁接等方式繁殖的植物而言，杂交极为重要，因为栽培者采用这些方式时，可以不必顾虑杂交种和混种的极度变异性以及杂交种的不育性。但是不用种子繁殖的植物对我们而言并不重要，因为它们的存在只是暂时的。选择的累积作用，无论是迅速有计划地进行，还是缓慢无意识、但更有效地进行，它都远高于其他所有原因，它才是决定性力量。

第二章

自然状态下的变异

我们要谈一谈自然状态下的生物是否容易变异。这个问题很有趣，但要充分讨论它，我们需要举出很多例子，但不用担心，太枯燥无味的例子，我会放到另一本书里。我们先不讨论"物种"这个词的定义，因为目前没有一个定义能让所有的博物学家都满意。但是，每个博物学家提到这个词时都知道它的意思。我们也不讨论"畸形"这个词，因为现在更多的人用"变种"来代替它。所谓"变种"就是指生物中存在的巨大而明显的差异。有些作者用"变异"来表示环境对生物的直接影响，这种"变异"是无法遗传的。但是，有些生物会在遗传的情况下发生变化，比如波罗的海中缩小的贝类、阿尔卑斯山峰的矮化植物、极北地区动物增厚的毛皮。这些生物能够被称为变种。

　　同一物种的个体之间存在的微小差异称为个体差异。即使来自同一亲本的后代，或者在同一地区生活的同一种生物中，也经常可以观察到这些差异。我们不能把所有个体都看成是一模一样的，这些微小差异很重要，因为它们提供了自然选择的机会。就像人类可以在自己的驯化物种中向某个特定方向积累个体差异一样。这些差异通常出现在学者们认为不太重要的部分。有些学者认为，重要的器官绝不会发生变异，但实际上，有很多确凿的例子可以证明重要器官会发生变异。我从未想过，相同昆虫物种靠近中枢神经节的主神经分支会存在差异。我本来还认为这种性质的变异只能缓慢地进行。然而，最近卢博克爵士指出，介壳虫主干神经的变异程度，几乎和树干的分枝一样毫无规则。

有些生物表现出了物种的特征，但是它们的形态和其他物种非常相似，或者它们与其他类型因为一些中间类型而联系非常紧密，所以博物学家不想将它们列为独立的物种。我们有很多理由相信，这些看起来非常相似的类型，已经保持它们的特征很长时间了。实际上，当一个博物学家可以用其他具有中间特征的类型把两种类型结合在一起时，他就会把其中一种作为另一种的变种。他把最常见的那个类型，或者是最早被记录的那个类型称为物种，而将另一个类型作为变种。

博物学家们常常会面对一个难题：如何确定一个生物到底是一个物种还是一个变种。有些存疑的变种比比皆是，不同的博物学家可能会对它们有不同的看法。同一种生物的性状，在不同地区，被列为变种和物种的可能性都存在，这让问题更加复杂。这些划分并没有明确的标准。

当一个年轻的博物学家开始研究一群生物时，他会发现这些生物之间存在很多差异。他会开始思考，什么样的差异可以称作物种的差异，什么样的差异可以称作变种的差异。因为生物之间的变异是很常见的。如果这个博物学家只研究某个国家的生物，他会很容易想出如何将这些存疑生物分类。他会倾向于划出许多物种，就像养鸽爱好者那样很容易被眼前的各种差异所打动。但是，当他开始研究更广泛的生物群体时，他会遇到更多的困难。他会发现更多非常相似的生物类型，这使得他很难判断它们是否应该被归为不同的物种。如果他想在这方面获得成就，就必须承认生物之间存在大量的变异。这意味着他所划分的每个物种内部都存在巨大的差异。同时，其他自然学家也可能对他的分类方式质疑。

在生物分类中，物种和亚种之间的界限并不是十分清晰，有些生物学家认为亚种非常接近物种，但还没有完全达到物种的水平。特征明显的变种和特征不那么明显的变种之间，以及变种和个体差异之间也没有明确的界限，因为它们之间存在许多不易觉察的过渡形态。这些微小差异几乎不值得被记录在自然史著作中，但它们是分类学家分类的第一步。

德康多尔等人的研究表明，生长范围广的植物通常呈现出多样性，这不足为奇，因为它们需要适应不同的环境和生物竞争。在一个地区中，个体数量最多和分散最广的物种，更容易拥有特征明显的变种。这些被称为优势物种的生物，为了在竞争中生存下来，需要不断适应和变异。这些变异可能很微小，但它们也遗传了优势物种的优点，这些优点可以让它们更好地生存下去。

如果我们把一个地方的植物分成大属和小属两组。某个属在这一地区很常见，那就说明这一地区的生物或非生物条件对该属有利。大属也就是物种数量较多的属，指的就是有相对更多优势的物种。

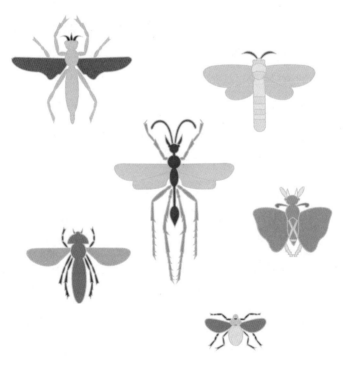

— 变异大小不一的昆虫 —

我认为，在各个地方大属的物种会比小属的物种更容易产生变种。如果一个地方的一属中因变异而形成很多物种，进而成为大属，那么说明这个地方拥有利于该大属变异的条件。

　　我进行了一个实验，将不同大小的植物和昆虫分成两组，一组是大属的物种，另一组是小属的物种。结果显示，大属的物种更容易产生变种，也就是我所说的初始物种，并且平均数量更多。这并不是说所有大属现在都有很大变异，因而它们的物种数量都在增加，也不是说小属现在都不变异且物种数量不增加。实际上，小属随着时间的推移常常可以有极大增长。较大的属也会经历巅峰、衰落并走向消亡。在这里，我们所要阐明的是：如果一个属形成了许多物种，那么一般来说这个属目前依旧在形成许多物种。

　　由于没有正确的标准来区分物种和显著的变种。当没有找到两个存疑类型之间的中间物种时，博物学者就不得不依据它们之间的差异量来做判定，通过类推来判断差异的大小是否足以将一方或双方提升到物种的级别。因此，判断两个类型究竟应该列为物种还是变种，差异量就成了极其重要的标准。

　　此外，同一个属中的物种之间也是有联系的，它们可以被划分为不同的子属、组或其他小群体。小群体通常围绕着其他某几个物种聚集，就像卫星一样。虽然变种和物种之间的差异量不同，但它们之间的联系是不平等的，它们聚集在原物种周围。然而，当我们讨论"性状分异"的原理时，我们将看到如何解释这些差异，并了解变种之间小差异增长成物种之间大差异的可能性。

通过本章节，我们发现，变种和物种有许多相似之处，它们在很多情况下无法被区分开来，除非找到了中间类型。也能通过它们之间的差异量来进行区分。当两种类型的差异很小时，通常被视为变种，即使没有发现中间类型。但是我们无法定义足以将两种生物看作两个物种的差异程度。在任何地方，如果属的物种数量超过平均数，那么这些物种的变种也将超过平均数。在较大的属中，物种很容易以不同的亲缘关系联系在一起，形成围绕在其他物种周围的小群体。与其他物种非常相似的物种通常分布范围非常有限。从这些观点来看，大属的物种与变种非常相似。如果物种曾经作为变种存在过，并由变种演化而来，我们就可以明白这种相似性。然而，如果每个物种都是被独立创造的，这些推论就无法解释了。

第三章

为生存而斗争

在这一章中，我们要探讨生存斗争对自然选择的影响。我们已经知道，生物在自然状态中存在一些个体变异，但这对我们理解物种的起源是如何在自然状态中形成的帮助不大。我们还需要知道，生物间以各种形式相互适应的巧妙表现。例如，啄木鸟和槲寄生的相互适应，还有依附在兽毛或鸟羽上的最低等的寄生虫、能潜水的甲虫和带羽毛的种子等，它们的构造都是自然界中相互适应的表现。无论在世界的哪个角落，在生物界的哪个部分，我们都能看到这种美妙的相互适应。

有些人可能会好奇，那些最开始被认为是同一种的生物，最终怎么会变成不同的物种呢？在大多数情况下，这些物种之间的差异明显远远大于同一物种的变种之间的差异。那么，这些物种是怎么产生的呢？这些结果全都不可避免地是从生存斗争中得来的，我们在这一章会充分论述。在生存斗争中，每一个物种中都会有一些个体产生微小的变异。如果这些变异能够在它们和其他生物以及它们生活的环境之间的复杂关系中对它们有利，这些个体就会保留这些变异，并且它们的后代也会继承这些变异。这样，后代也会有更好的生存机会。这个原理被称为"自然选择"，这意味着生物通过自然选择，让自己适应环境。我们可以通过人工选择来改变生物，但是自然选择是一种非常强大的力量，它能够不断地影响生物的进化。

现在我们要谈的是生存斗争。如果我们不了解生存斗争这个问题，就无法正确地理解自然界的各种现象，比如物种的分布、繁盛、灭绝和变异。我们看到了大自然的美丽和富足，但往往忘记了一些细节，比如食物链中的每个环节，还有不同季节中的变化。在我们周围，有许多唱歌的鸟儿，但是它们其实也需要以昆虫或种子为食，而这些昆虫或种子可能会被其他生物捕食，或者在某些季节里变得非常稀缺。所以，生存斗争是自然界中一个非常重要的问题，我们需要认真思考它的影响。

我要先说明一下，当我用"生存斗争"这个表述时，我指的是各种生物之间相互依存、竞争的关系。这既包括为了维持生命而搏斗，也包括为了成功繁殖后代而竞争。举个例子，两只饥饿的狗为了抢食物而互相争斗，这是实实在在的生存斗争。但是，在沙漠边缘生长的植物为了对抗干旱，竞争赖以生存的水资源，也是生存斗争。一棵植物可能一年结出一千个种子，但只有一个能成长为成熟的植物，因为它要和同种植物或其他物种的植物竞争生存空间。槲寄生只能依赖于苹果树和其他几棵树存活，如果它们在同一棵树上寄生太多，这棵树就会死亡。所以如果几株槲寄生密集地寄生在同一枝条上，它们之间就算处在生存斗争中。因为槲寄生的种子是由鸟类传播的，所以它们的生存也取决于这些鸟类。总的来说，以上这些情况都可以归纳到"生存斗争"的范畴里。

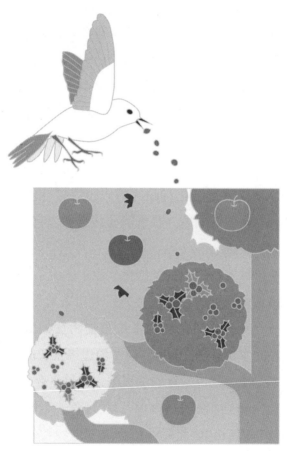

— 槲寄生 —

在自然状态下，几乎每一个植株都产生种子，几乎每一种动物都会交配。因此，我们可以自信地断言，所有的植物和动物都倾向于以几何级数增长。凡是它们能够生存下去的地方，都会被迅速占满。但是，不可能所有生物都无限增长，否则就会没有足够的空间和食物。因此，当产生的个体数量超过可生存的数量时，生存斗争就开始了。

林奈曾经算过，一年生植物倘若每年只结出两个种子，第二年每个幼苗又结出两个种子，以此类推，20年后，这个植物的后代就会变成100万个。大象被认为是繁殖速度最慢的动物，但即使这样，一对大象的后代也会在几百年内增长到近1900万个。

如果每个生物都不死，随着它们数量的迅速增加，地球就会被挤满。为了避免这种情况，生物必须经历生存斗争。它们可以和同种的生物搏斗，也可以和其他种类的生物搏斗，还可以和生活的环境搏斗。这种理论适用于所有动物和植物。虽然有些物种的数量在迅速增加，但不是所有物种都能这样做。

有一些生物每年只产极少的卵或种子，即使一些动物只产一个卵或幼崽，但如果它们能够保护它们的卵或幼崽，那么它们仍然能维持种群数量的稳定。对于食物量波动较大的物种来说，产卵多是比较重要的，这能让它们在数量上迅速增长。但是大量的卵或种子是为了弥补它们在生命中某个时期因食物缺乏或其他原因而遭受的大量死亡。在观察大自然时，永远不要忘记，我们周围的每个生物可以说是都在尽最大努力增殖。每种生物在生命的某一时期都要靠斗争而生活。

每种生物都有增殖的自然倾向，但我们不知道是什么因素会抑制它们的增长。我们甚至不了解如何抑制人类数量的增长，更别提其他生物了。

每种生物能吃到的食物数量决定了它们可以增长的极限。但通常情况下，物种的数量不是由获得的食物数量决定的，而是由被其他动物捕食的数量决定的。因此，一个大庄园里的鹧鸪、松鸡和野兔的数量主要取决于狩猎动物的祸害程度。如果在接下来的二十年里，我们既不射杀一只猎物，也不猎杀相对应的狩猎动物，那么即使现在每年被射杀的猎物数量是十万只，二十年后的猎物数量也会比现在少。可见狩猎动物对猎物数量的影响程度。但是，也有一些不受影响的情况，如象和犀牛，它们是不会被其他猛兽杀死的。在印度，即使是老虎也很少攻击母象保护下的小象。

气候在决定一个物种的平均数量方面起着重要的作用。当我们从南到北或从潮湿地区到干燥地区旅行时，会发现有些物种变得越来越少，最后甚至消失。而且向北旅行时整体物种差异要小一些。因为所有物种及其竞争者的数量越往北越少。向北走或登山时，见到的植物往往更加矮小，这也是由于气候的直接作用所致。我们到达北极区、积雪的山顶、纯粹的沙漠等气候极端的地方，可以看到生物几乎完全要和自然环境做生存斗争了。

这种周期性的极端寒冷或干旱季节中，气候成为所有制约因素中最有影响力的一个因素。我估算过，1854—1855 年冬季，我的居住地内，死亡的鸟类达五分之四。这几乎是毁灭性的。

物种变化受气候影响很明显，我们却不能把所有影响都归结于气候的直接作用。通常，气候对其他物种产生的间接影响比直接影响更为重要。气候会让食物变少，因此会引起同种、异种个体间最激烈的斗争，因为它们要争夺同样的食物。当我们向南旅行时，看到一个物种的数量在减少，通常是因为别的物种占据了优势。就像在花园里，有很多植物可以很好地适应气候，但却无法真正在本土繁殖，因为它们不能与本土的植物竞争，也不能抵抗本土动物的侵害。

当一个物种在一个小范围内无限度繁殖时，常常会引发传染病。这看似是一个与生存斗争无关的遏制因素。多数传染病的发生是因为寄生虫所致，它们在密集动物中容易传播。这就成了寄生物和寄主间的斗争。

许多情况下，同种的个体必须有非常大的数量，才能够保留下来。比如我们可以在田地里种植大量的玉米和油菜籽等作物，因为要保证与以它们为食的鸟类数量相比，种子是远远过剩的。否则，要从花园里获得少数小麦或其他这类植物的种子是非常困难的。

— 苏格兰冷杉与牛 —

我听说有个亲戚的庄园里有一块非常贫瘠的荒地，从来没有种植过任何作物。在二十五年前，有一部分土地被圈了起来，种上了苏格兰冷杉，而另一部分仍然是荒地。结果，种植冷杉的部分植被变化非常明显，与荒地上的植被完全不同。在苏格兰冷杉种植园里出现了十二种植物，以前从未出现在荒地中。这对昆虫的影响也很大，因为在荒地上不常见的六种食虫鸟，也出现在了种植区域里，反而有两三种经常光顾荒地的其他食虫鸟不见了。这说明引进一种树种会对生态环境造成很大的影响。但在另一个地方萨里郡法纳姆附近，在一片荒地上，只有围起来的圈地里长满了无数小冷杉。这些树木并不是人类种植的，而是自然生长的。这是因为围起来的圈地不让牛群进入，而周围的荒地只留下了被牛吃掉了尖头的许多幼苗和小树，即使是牛这样看似不起眼的动物，也会对生态环境产生影响。

从这里我们可以看出，牛群决定了苏格兰冷杉是否能够生存。但在世界上的另一些地方，昆虫决定了牛是否能够生存。例如，在巴拉圭，一种数量很多的苍蝇可以在动物的脐中产卵，导致动物数量减少。如果有更多的食虫鸟，它们可以吃掉更多的苍蝇，从而导致动物数量增加。这种关系会影响到整个生态系统，改变植被和昆虫数量等。这些关系非常复杂，经常发生变化，最微不足道的小事往往会使一种生物战胜另一种生物。但它们是如此完美地平衡着，保持自然界的平衡。

我很想再举一个例子，说明在自然界中相距最遥远的植物和动物是如何通过一张复杂的关系网相互联系的。比如说，野蜂是三色堇和红三叶草的重要传粉者，如果它们数量减少，这些植物也会受到影响。而野蜂的数量又受到田鼠数量的影响，田鼠会破坏它们的巢穴。而田鼠数量又受到猫科动物的影响，因为它们是田鼠的天敌。所以，野蜂的数量在很大程度上受到猫科动物的影响，从而也影响到了某些花的数量。不同的物种在生命不同时期，如不同季节或年份会受到不同的抑制因素。有些情况下，同一物种在不同地区受到的抑制作用也不相同。虽然我们看到一片森林被砍伐后会长出不同的植被，但有些地区的树木种类和比例却保持了几个世纪的稳定。这是因为动植物之间的相互作用决定了它们的数量和种类。它们之间会进行激烈的斗争，互相猎捕来争夺资源。虽然这些关系非常复杂，但它们平衡得很好，让自然界保持了长期的稳定。

但是，相同物种个体之间的斗争总是最残酷的，因为它们拥有相似的特性和构造。并且我们通常会看到斗争很快就见分晓。例如，如果同时播下几个小麦变种的种子，并且反复播种，那么最适合土壤和气候的某些变种，或者说在自然状态下繁殖力最强的变种，会击败其他变种，结出更多种子，在几年内取代其他变种。绵羊的变种也是这样，有人曾断言，一些山地绵羊变种能让另外一些山地绵羊变种饿死，所以不能将它们养在一起。我们隐约知道为何在自然系统中占据相同位置，具有亲缘关系的生物之间竞争最为激烈。但对于每个例子，我们都无法完全解释，为何一个物种在生存斗争中会战胜另一个物种。

从上述评论中可以推断出一个最重要的推论，每种生物的构造通过最基本却隐蔽的方式与其他生物的构造相关。生物之间存在着竞争，就像我们在争夺同一份美食或同一份工作一样。老虎的牙齿和爪子的构造，以及寄生虫的腿和爪的构造都是为了帮助它们在生存斗争中获胜。有些构造看起来与其他生物没有关系，但实际上，它们与生长的环境密切相关。比如，蒲公英和水栖甲虫的构造似乎只与空气和水有关系。蒲公英的羽毛种子可以在空气中飘浮，落在未被占据的土地上。而水栖甲虫的腿可以帮助它们在水中游动，以便竞争食物和避免被其他动物捕食。

　　每个生物都在生存斗争中，尤其当它们遇到新的竞争者时，生存条件就会发生变化。如果我们想要帮助一种生物在新的环境中生存，我们必须给它一些相对于竞争者的优势。尽管我们并不完全了解生物之间的相互关系，但我们知道每个生命都在努力以几何级数增长。每种生物都必须为生存而斗争，并遭受大量死亡，这是自然界的规律。然而，这场斗争并不是无休止的，死亡往往很迅速，而健康幸福的个体则能够生存和繁衍下去。因此，我们应该珍惜每一种生物，并且相信自然会为它们提供生存的机会。

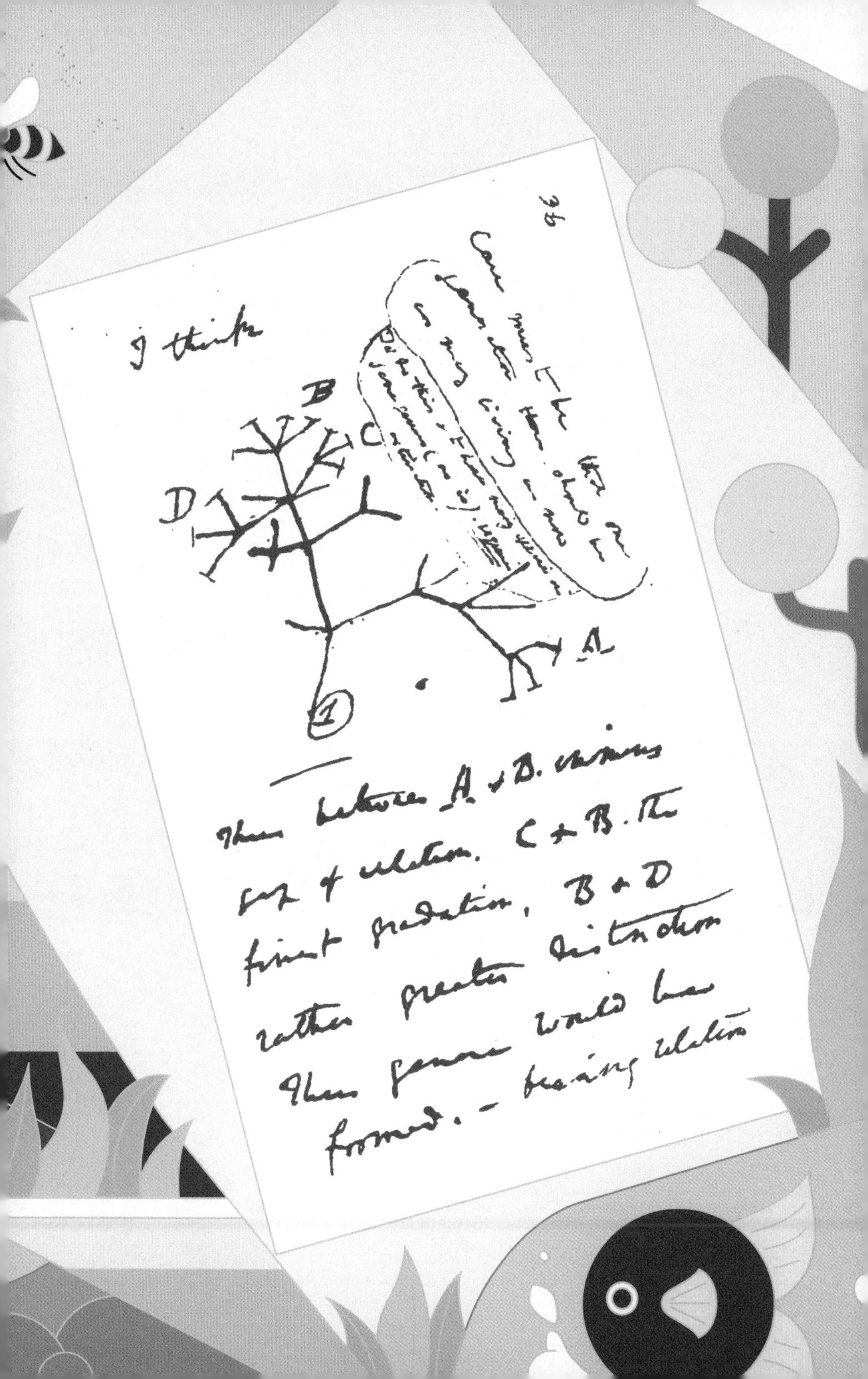

36
I think
A
B
C
D
1
Thus between A & B. immense
gap of relation. C & B. the
finest gradation, B & D
rather greater distinction
Thus genera would be
formed. — bearing relation

第四章

自然选择

我们已经知道，生存斗争是每个生物都要面对的一种现实。同时我们也知道，生物之间存在一些微小的差异，这些差异被称为变异。这些变异可能会使某些个体比其他个体更有优势，使它们在竞争中更容易获胜并生存下去。这就是自然选择的原理。自然选择的原理就像人类在养殖生物时所采用的选择原理一样有效。

　　我们可以通过一个地区的气候变化来理解自然选择的过程。当气候变化后，该地区的不同物种数量比例会立即发生改变，一些物种可能会灭绝。我们知道每个地区的不同物种之间有着极为紧密复杂的联系，因此，即使不考虑气候变化的影响，一些物种的比例和数量的变化也会影响该地很多其他物种的数量。如果该地区是开放的，新的物种会迁入，扰乱原有物种之间的关系。但如果是岛屿或者被屏障环绕的地区，新物种无法自由迁入其中，这个生态系统中就会出现空缺的生态位。当地的原有物种经过变异后，就会去填补这些空位。而一旦新的物种能够迁入该地区，它们就有可能占据这些空位。每种微小的变异只要在任何方面对个体有利，使得个体更好地适应变化的环境，就有可能被保存下来。自然选择也因此有了充分的余地来改进物种。

如第一章所述，我们有理由相信生存条件的变化，尤其是作用于生殖系统的变化，会导致或增加变异性。在上述情况下，生存条件发生了变化，这使得发生有利变异的概率增大，也就有利于自然选择。如果有利变异没有出现，自然选择也就无能为力。

如今尚未有一个地区的物种能完美适应彼此和它们赖以生存的物质条件，因而它们始终拥有改进的空间。在任何地区，外来物种常常会战胜本地物种，并占据这片土地。既然外来物种能战胜本地物种，我们就可以断言：本地物种可以发生有利的变异，以便更好地抵抗那些侵入者。

人类选择的方法是有技巧但无意识的。因为人类只能根据外在可见的特征行动，而大自然会影响生物的内部器官、组成形式和整个生物体，这些是人类无法控制的。人类的选择更多是为了自己的利益，而大自然只为被保护的生物的利益而选择。自然选择的每个性状都是经过充分锻炼的，每个生物都处于适宜的生活条件下。而人类往往没有采用恰当的方式来运用所选生物的特性，例如将多种生长在不同气候下的生物养在同一个地方。相比之下，在自然界，构造上或体质上的极微细差异就能打破生存斗争的微妙平衡，从而被保存下来。人类的愿望和努力是那样转瞬即逝！而人类的寿命又是那么短暂！因而，与大自然在整个地质时期的累积结果相比较，人类所获得的结果是多么贫乏！所以，大自然的产物一定比人类的产物具备更真实的性状，更能良好地适应十分复杂的生活条件，并且明显地表现出更高级的技巧。

在自然状态下，自然选择可以影响生物的所有生命时期，包括幼虫和成虫等不同阶段。通过适应环境，生物的构造也会随之发生改变。对于那些只活几个小时，从不进食的昆虫来说，它们的很大一部分构造仅仅是因为它们幼虫构造的连续变异。同样，成虫的改变也常常会影响下一代幼虫的构造。但在所有情况下，自然选择可以保证这些改变不会对生物不利，否则这些物种早就灭绝了。

在社会性动物中，它会为了群体的利益而调整个体的构造。自然选择能让每个个体的构造都适应整体利益。但值得注意的是，自然选择不会为了一个物种的利益而改变另一个物种的构造，且不给予另一个物种任何好处。

有些特性常常只见于一种性别，只遗传给同性。且它们不是为了生存竞争而存在，往往是雄性为了争得雌性所做的准备，我将这一现象取名叫"性选择"。这种斗争不是导致失败者死亡，而是让它们繁殖后代的机会变得更少。因此，性选择比自然选择更灵活。通常来说，最适应生存环境的、最有生命力的雄性会留下更多的后代。

但也有很多情况，胜利是靠雄性的特别武器，而并不全靠强壮的体格。性选择是非常残酷的，就像斗鸡一样，只留下最能斗的公鸡来改进品种。很多动物之间的交配斗争都非常激烈，雄性常常拥有一些特殊的武器。例如，雄性狮子的鬃毛、雄性野猪的垫肩和雄性鲑鱼的钩状颚都是为了争夺异性而发展出的防御武器。因为在这些斗争中，武器像盾牌和剑矛一样重要。

在鸟类中，雄鸟之间的竞争通常比较和平。它们最常用的方式是通过歌声和演出来吸引雌鸟的注意。例如，圭亚那的岩鸫和极乐鸟会展示自己最美丽的羽毛和滑稽动作，以此吸引雌鸟。最终，雌鸟在几千代的繁衍过程中，根据它们的审美标准选择最悦耳或最美丽的雄鸟。关于雄鸟和雌鸟的羽毛不同于雏鸟的规律，也能用鸟在繁殖年龄或繁殖季节发生的性选择来解释。

为了说明自然选择是如何起作用的。我们想象一下，在某一年狼最缺乏食物的季节里，鹿作为最敏捷的猎物，由于该地区的任一变化，数量增加了，其他猎物的数量都减少了。在这种情况下，最敏捷、体形最修长的狼拥有最大的存活机会，也就最有机会留下后代。它的一些幼崽可能会继承同样的习惯或构造，通过这一过程的重复，一个新的品种可能会形成。我们再看一个更复杂的例子，有些植物分泌出一种甜的汁液叫花蜜。这会吸引昆虫来吸食，在吸食时它们会沾上花粉，将花粉从一朵花传到另一朵花上，这样就帮助植物进行了杂交。杂交可以产生强壮的幼苗，这些幼苗得到生存的最好机会。植物的花内蜜腺越大、分泌的花蜜越多，就越有可能迎来昆虫，实现杂交。或者有些花的雄蕊和雌蕊的位置很

适合收集花粉，也会受到自然选择的青睐。最终那些产生更多花粉和更大花粉囊的个体会被选择和保留下来。

植物也存在雌雄分化。我曾观察过一些冬青树只开雄花，有四个雄蕊，产生少量花粉，还有一个不成熟的雌蕊。其他冬青树只开雌花，有一个正常大小的雌蕊和四个萎缩的雄蕊，里面没有一粒花粉。在距离一株雄树约六十码远的地方，有一株雌树，在所有柱头上都有几粒花粉，而且在几个柱头上有较多花粉。几天以来，风都是从雌树吹向雄树，花粉不可能由风传带过来。天气寒冷，还夹杂着暴风雨，对蜜蜂并不利，然而，我检查的每一朵花依然都沾上花粉而有效地受精了。所以我们可以相信，一朵花或全株植物只生雄蕊，而另一朵花或植株只生雌蕊，对于植物而言是有利的。植物在栽培下或放在新的生活条件下多少会变为不育，有时是雄性器官不育，有时是雌性器官不育。如果假定自然状况下也有这种情况发生，不论程度多么轻微，因为花粉已经按时从这朵花被传到那朵花，所以越具备雌雄分化倾向的个体，越会不断获得优势并得到选择，最终形成性别的完全分离。

我们来看看吃花蜜的昆虫对于植物演化的影响。假设有一种植物，它的花蜜十分甜美，因此有些昆虫只来吃它的花蜜。这些昆虫有时候会用一些小技巧来更快地获取花蜜，比如在花底下挖洞。而我们可能无法察觉到蜜蜂的微小个体差异，但这些差异却可以让某些蜜蜂比其他蜜蜂更快地获取花蜜，因此它们的群体就会更加繁荣，后代也会继承相同的特性。比如，红三叶草和深红色三叶草看起来并没有差别，但蜜蜂却能轻松地吸取深红色三叶草的花蜜，而无法吸红三叶草的花蜜，只有野蜂才能吃红三叶草的花蜜。因此，蜜蜂的吻略长或略有差异，就能够更有效地采集花蜜。相反，如果野蜂数量减少，红三叶草的花筒较短或裂缝较深就会更受蜜蜂的青睐。这样，我们就可以理解一朵花和一只蜜蜂是如何通过适应彼此的构造变化来相互影响的。

— 冬青授粉 —

说到繁殖，我们知道大多数动物需要交配才能生育后代，即使是雌雄同体的生物，它们也会或习惯或偶然地异体结合以繁殖后代。这一点是我们必须关注的。我们可能会问，为什么它们需要交配呢？事实证明，杂交对于动物和植物的繁殖是至关重要的。首先，我曾搜集过大量事实，表明动物和植物的变种间的杂交，或者同变种而不同品系的个体间的杂交，能够影响后代的活力和生育力。另一方面，近亲杂交会降低活力和生育力。仅凭这些事实就使我相信，没有一种生物能在永恒的后代中自我繁殖，这是自然的普遍法则。

　　我认为，只要我们相信这是自然法则，就可以理解一些看起来很奇怪的现象。例如，为什么许多花的花粉囊和柱头总是暴露在雨中？这样很不利，却是为了确保来自另一个体的花粉能够顺利地落到这里。同样地，很多花的果实器官是紧闭的，但是在昆虫光顾的过程中，它们可以将自身的花粉推向柱头。这就是植物和昆虫之间的一种奇特的适应。

　　有些花自身也会有奇怪的适应性。比如，有些花的雄蕊会倒向雌蕊或向它们慢慢移动，目的好像是适应自花受精。还有些植物有特殊的构造，可以有效地阻止柱头接受自花的花粉。这些雌雄同体但雌雄蕊成熟期不同的植物，实际上是雌雄分化的，并且它们一定常常杂交。这些实例多么奇特，同一花中的花粉位置和柱头位置是这么靠近，像是专门为了自花受精一样，但在很多时候彼此并无用处。如果与不同个体杂交对植物更有利，甚至是必不可少的，那么这些事实就很容易解释了。

我们来简单谈谈动物，在陆地上有一些雌雄同体的动物，如软体动物和蚯蚓，但它们都需要交配。到目前为止，我还没有发现一个自体受精的陆生动物。这种明显的实例，提供了与陆生植物强烈不同的对照。偶然的杂交不可缺少。鉴于受精的性质，如果两个陆生动物个体不结合，而它们又没有类似于植物那种以昆虫和风为媒介的方法，偶然的杂交就无法实现。但有很多水生动物是能自体受精的雌雄同体，水流显然可以成为偶然杂交的媒介。

如果一个生物种群中出现了大量可遗传的变异，必然有利于自然选择的进行。但我认为即使只有个体之间微小的差异，也足以推动自然选择。如果一个生物种群中的个体数量很大，那么有利的变异在短时间内就会出现，从而弥补了"单个个体变异的不足"的情况。因此，个体之间的差异是一个非常重要的因素。所有生物都在自然界中竞争，但如果它们没有发生相应程度的变异和改进，就很容易灭绝。

在人工选择中，育种者会根据特定目标进行选择。但个体的自由杂交让育种者的工作毫无意义了。也有许多人虽然没有改变品种的意图，却总用最优秀的个体繁殖后代，这种无意识的选择过程也会让生物有许多缓慢的改进和变异。在自然界中，为了使同一物种或同一变种个体的性状保持纯正和一致，杂交起着非常重要的作用。因为我相信这样生下来的幼体，体格和繁殖能力都远胜于长期连续自体受精生下来的后代，它们能更好地生存和繁殖同类。而无法杂交、单体无性繁殖的低等生物，它们能够保持平均性状是因为处于相同的生存环境中，能够将相同的特点遗传下来，而且自然选择会淘汰所有偏离原种的个体。如果生活条件改变了，也发生变异了，那只有依靠自然选择保留相似的有利变异，变异了的后代才能获得一致的性状。

　　隔离也是自然选择过程中的一个重要因素。一个密闭或孤立的地区，如果面积不大，则有机和无机的生活条件一般十分一致。这会导致自然选择趋向让同种的所有个体依据相同方式变异，而与周围地区内生物的杂交也会由此受阻。当陆地高度、气候等外界条件发生变化之后，这一区域自然生态体系就会空出新的位置。这时隔离具备关键作用，阻止了那些适应性较好的生物迁入，空位就供原有生物去争夺，原有生物的构造和体质就会变异去加以适应。隔离为新变种的逐渐改进提供时间，这一点有时十分关键。然而，如果一个孤立的区域非常小，无论是因为周围的屏障，还是很特别的物理条件，总之这个区域可支撑的物种个体总数必然非常少。个体数量的减少导致出现有利变异的机会也减少，就严重阻碍了通过自然选择产生新物种。

我们来观察任意一处被隔离的小区域，例如一个海岛，就能检验该言论在自然界中的真实性。居住在那里的物种总数很少，而且其中有很大一部分是当地特有的。因此，乍一看海岛似乎非常有利于新物种的产生。但要想确定小片隔离区域和大片开阔区域哪一个更适合产生新的生物类型，我们应当在相同时间段内比较二者，可惜我们无法做到这一点。

虽然我不怀疑隔离对产生新物种是相当重要的，但总的来说，我倾向于认为广大的区域面积更为重要。当要产生能长时间生存且能广为分布的物种时，尤其如此。在开阔地区，因为那里有大量的同一物种，不仅更能产生有利的变异，而且由于大量已经存在的物种，生活条件会无比复杂。如果这些物种中有一些有了改进和变异，那么其他的物种也必须有相应程度的改进，否则就会灭绝。相比孤立的小区域，在大区域内，为了填补空缺而发生的竞争会更激烈。我的结论是，尽管小片隔离区域在某些方面非常有利于产生新物种，但大面积土地上的变异过程通常更快。更重要的是，在大区域内产生的、已经赢过众多竞争者的新类型，是那些分布得最广泛且产生最多的新变种和新物种，于是它们在生物界的变迁史中就占据较为重要的位置。

如果我们想要了解为什么地理位置对于生物的发展如此重要，我们可以看看澳大利亚和欧亚大陆的生物之间的区别。澳大利亚是一个相对较小的大陆，因此它的生物和较大的欧亚大陆的生物相比就稍显逊色。在淡水里我们还能找到现在世界上几种形状最奇特的动物，如鸭嘴兽和肺鱼。它们就像活化石一样，可以存活到今日，是因为它们居住在一个密闭区域，面对的竞争者种类较少，竞争也不那么激烈。

自然选择的进程非常缓慢，只有当现有生物的变异形式更容易填补空缺时，自然选择才能发挥作用。这些空缺通常出现在自然条件发生变化的时候，而这种变化通常非常缓慢，同时需要阻止更具适应性的外来生物迁入。变异本身也是极其缓慢的过程，往往被自由杂交阻碍，但这些并不意味着自然选择的力量被抵消了。虽然选择的过程可能缓慢，但只要时间足够长，我觉得通过自然力量的选择，即适者生存的法则下，生物的变异量是无限的。所有生物相互之间、生物与物理生存条件之间，奇妙而复杂的相互适应以及变化的程度也应该没有止境。

自然选择和灭绝密不可分。自然选择决定了某些有利变异的留存，使它们能够延续。但由于生物按几何级数增长，每个地区都已经充满了生物，占优势的生物类型数量不断增加，使劣势类型变得稀少，稀少是灭绝的前兆。事实上，地球上所有数量很少的生物都很容易在季节变化或天敌数量增加时彻底灭绝。新类型持续产生，旧类型则会灭绝，因为自然系统中的位置数量是不会无限增加的。目前我们无法确定是否有地区已达到最多物种数，但至少比世界其他地方拥有更多物种的好望角，还能归化更多外来物种，而并没有造成本地植物的灭绝。

科学家发现，个体数量最多的物种更有机会产生有利的变异。这意味着那些个体数量较少的物种，它们在一定时期内的变异和改进都是比较缓慢的，在生存斗争中它们就将受到普遍性物种已变异和改进的后代的抑制。

相似物种之间的斗争是最激烈的，因为它们的构造、体质和特性几乎相同。每个新的变种或物种，在其形成的过程中，通常会对其最近的亲缘物种产生最大的压力，并有消灭它们的倾向。我们在家养品种身上可以看到同样的过程。举例来说，我们的牛羊和其他动物的新品种如何迅速取代了较差的原有品种。花卉的变种也是如此，它们迅速代替了那些古老低劣的品种。在历史上，许多古老的动物品种都被新的品种取代，这些新品种更加适应当时的生存环境。

我们要谈谈"性状分歧"这个概念，它可以帮助我们解释生物进化中的一些现象。虽然变种间的差异远远小于与物种间的差异，但依据我的观点，变种是正在形成中的物种，或者说是"初始物种"。变种间的小差异如何扩大为物种之间的大差异呢？

我们可以从人类的养殖活动中寻找答案。举个例子，一个养鸽子的人喜欢鸽子的喙稍微短一点，而另一个人却喜欢喙长一点的鸽子。这些鸽子最初之间的差别非常微小，但由于饲养员选择更短或更长喙的鸽子，渐渐地，这些鸽子之间的差异变得越来越大，形成了不同的亚品种。最终，这些亚品种就成了两个独特的鸽子品种。同样地，在古代，有人喜欢快马，有人需要强壮高大的马，由于选择不同，两种马的差异也逐渐增大，最后变成了两个成熟而独特的品种。

某地的生物构造分歧越大，在环境中存活的生物数量就越多。在一个极其狭小的地区，尤其是当它开放自由迁移时，个体与个体之间的争斗也极其激烈，我们总能在这些地方看到生物的多样性。例如，我曾看到一块三英尺长、四英尺宽的草地，多年来环境变化不大，但上面生长着 20 个植物物种，分别属于 18 个属和 8 个目。在小岛上和池塘中也是这样。农民们发现可以通过种植不同的作物来收获更多的食物，这就像自然界中的"轮作"。密集地生活在任意一片小土地上的动植物，大部分都付出百倍努力才能生活在那里。但它们通常属于不同的"属"和"目"。我们总能发现，在竞争最激烈的地方，构造多样化才更具优势。

这一原理同样适用于异地归化的植物。有些人认为，那些成功在任何地方生存的植物，通常与本土植物有紧密关系，因为本土植物通常被认为是特别适应当地环境的。但实际情况却很不同，德康多尔在他的著作中指出，与本土物种相比，归化的植物更多地属于新属。例如，阿萨·格雷博士在他的《美国北部植物手册》中列举了260种归化植物，它们属于162个属，有100个以上是本土未见过的新属。

　　另一方面一群身体构造差异很小的动物，很难与一群构造更多样化的动物竞争。例如，澳大利亚的有袋动物被分成不同的群体，但彼此之间几乎没有什么区别，而且它们可以分为食肉、反刍、啮齿哺乳动物，但它们能否成功地与其他地区发育优良的哺乳类动物相竞争，是不确定的。我们可以认为，任何一个物种发生变化的后代，其性状差异越大，越有可能在斗争中获胜，从而能够占据其他生物生存的空间。现在我们看一看，由性状分异而获得这种利益的原理，与自然选择的原理和灭绝的原理相结合后，可以起什么样的作用。

　　下图将帮助我们理解这个相当复杂的问题。假设A到L代表某地一个大属下的物种，这些物种就像自然界中通常的情况一样，彼此相似度不同，图里用不同距离的字母表示。我之所以说大属，因为在第二章已经说过，大属平均比小属有更多发生变异的物种，并且大属里发生变异的物种变种的数量更多。我们还可以看到，比起

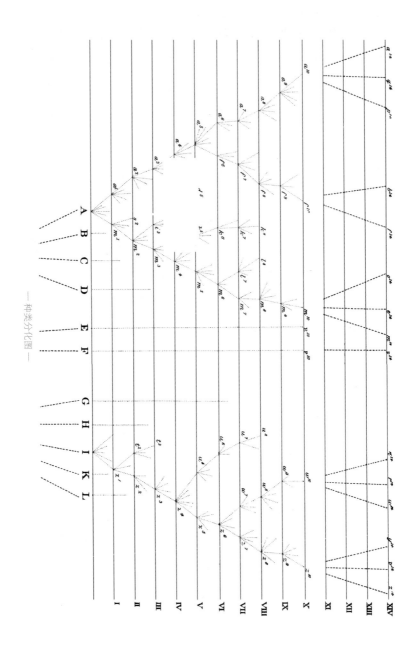

—种类分化图—

分布狭小和罕见的物种，最普通和分布最广的物种有更多变异。假设 A 是分布范围广泛、正在发生变异的常见物种，所在属是当地一个很大的属。从 A 延伸出来的分歧、分叉、长度不等的虚线可以代表它的变异后代。它们并不是同时出现的，常常要间隔很长一段时间，而且它们的生存时间也不完全相等。只有那些在某种程度上有利可图的变异，才会被保留下来或被自然选择。此时就能看到因性状分歧受益的原理的重要性，这一原理通常会使差异最大的变异，即分歧最大的变异（由外侧虚线表示）被大自然所保留和积累。当一条纵向的虚线遇到一条水平线，用一个小的字母标记时，就被认为已经积累了足够多的变异，形成了相当明显的变种，值得记进分类中。

图中水平线之间的间隔，代表一千代，但如果每个都代表了一万代，那就容易理解了。经过一千代之后，物种 A 产生了两个相当明显的变种，即 a^1 和 m^1。有些变种（例如 a^1）在每一千代之后只产生一个变种；但有些（例如 m^1）会产生两三个变种，因为变异越来越大；有些（例如 s^1）则没有产生变种。这样，共同亲本 A 的变种或者说变异后代的数量会越来越多，性状会越来越有分歧。图中这一过程一直画到了第一万代，并以缩略形式画到了第一万四千代。

但我在这里必须指出，我并不认为这个过程会像图中所示的那样有规律地进行，何况图本身已多少有些不规则性。因为任何一个物种的后代如果性状越有分歧，它们就能占据越多的地方，它们的改进后代就会增加越多。这一点在图表中由 A 分出的数条分支虚线表示。从 A 产生的变异的后代中，支线上改进更多的分支（例如 a^5）往往可以取代较早和改进较少的分支（例如 d^5），因而淘汰它们。

经过一万代之后，假设物种 A 产生了三种类型：a^{10}、f^{10} 和 m^{10}，在连续的代中，由于性状上的分歧，它们彼此之间以及与它们的共同亲本间将产生很大差异，但可能差异程度不等。如果我们假设图中每条横线之间的变化量非常小，这三种类型可能仍然只是明显的变种，或者它们可能已经到达了亚种范畴。但是，我们只要假设在改变过程中的步骤更多或变异量更大，就可以把这三种类型转化为明确的物种。

在一个较大的属中，很可能不止一个物种会发生变异。在图中，我假设第二个物种 I 通过类似的步骤，经过一万代之后，产生了两个性状良好的变种 (w^{10} 和 z^{10}) 或两个物种。它们究竟是变种还是物种，要依据横线间所表示的假定变化量来决定。经过一万四千代之后，据说已经产生了六个标记为字母 n^{14} 到 z^{14} 的新物种。在各个属里，性状已极不相同的各物种，一般会产生最大数量的变异后代，因为它们在自然界中最有机会占有广泛不同的新位置。因此我选择图中最末端的物种 A 和接近最末端的物种 I，因为它们变异最多，产生了新变种和新物种。

在变异的过程中，另一个原理，即灭绝原理，也会起到重要作用。在任何生存斗争激烈的地区，自然选择必然选中比其他类型更具某种优势的类型。所以在任何一个物种的改进后代中，都会有一种不断的趋势，即在每个遗传阶段，都要取代并消灭它们的祖先。不要忘了，在所有生物类型中，生活习性、身体组成和构造联系最紧密的生物类型之间，竞争最为激烈。因此，介于较早和较晚状态之间的中间类型以及原始亲本，一般都有灭绝的倾向。许多旁系上的后代会被全线击败，它们很可能整个分支趋向于灭绝。

如果假设我们的图代表了相当数量的变异。15 个新物种从原来的 11 个物种进化而来。由于自然选择造成分歧的倾向，物种 a^{14} 和物种 z^{14} 在性状上的极端差异，将远远大于原来11 个物种中差异最大的物种间的差异。物种 A 和所有早期的变种已经灭绝，被 8 个新物种 a^{14} 到 m^{14} 所取代，I 将被 6 个 n^{14} 至 z^{14} 新物种所取代。

我们还能够再做进一步论述。假定该属那些原种彼此相似的程度并不同，这在自然界中很普遍。物种 A 与 B、C、D 的亲缘关系比与其他物种更近，物种 I 对 G、H、K、L 的关系比和其他物种的关系近。因此，在我看来，A

与I的后代，极有可能不仅取代了它们的亲本，而且还取代了一些与它们的亲本最接近的原始物种。因此，我们可以假设，在与其他9个原始物种关系最不密切的2个物种中，只有一个F将后代延续到这一后期阶段。

我们已经看到，在各地，较大属的物种最常产生变种。这确实是预料之中的。因为在生存斗争中，当一种类型比其他类型更具优势时，自然选择才发挥作用，它主要作用于那些已经具有某种优势的类型。一个大群将慢慢战胜另一个大群，减少另一个大群的数量和让它继续变异和改进的机会。在同一个大群中，较晚和较完善的子群体继续分歧，占据自然中许多新的位置，会不断地倾向于取代和消灭较早和较不完善的子群体。小而衰弱的群及亚群最终灭绝。展望更遥远的未来，我们可以预见，由于大型生物群体持续稳定增长，大量小型生物群体会完全灭绝，不会留下变异后代。在关于分类的一章中，我会再聊一聊这个主题，但这里我可以补充一句。按照这种观点，因为只有非常少且较古老的物种能将后代延续到今日，而且因为同一物种的所有后代会形成一个纲，我们就可以明白，为何在动植物界的每个主要大类里，现存的纲会这么少。尽管在最古老的物种中，很少有现存和经过改进的后代，但是在最遥远的地质时期，地球上可能就像今天一样，居住着属、科、目、纲的许多物种。

第五章

变异定律

到目前为止，由于人工养殖状况下的生物的变异十分普遍且多样，而自然状态下的生物，变异较少，我有时会把变异说成是事出偶然。当然，这是个完全不正确的表达，但它清楚地表明了我们对每个特定变异的原因的无知。有些作者认为，生殖系统的功能会产生个体差异或构造上的微小偏差。不过，在驯化或培育条件下，变异和畸形更加频繁地出现，这使我相信，构造的偏差在某种程度上是由于生活条件的性质。生殖系统非常容易受到生活条件变化的影响，这会影响到后代的性状。虽然我们知道的不多，但我们还是能时常得到一些线索，可以确信的是，构造的每一次偏差，无论多么微小，都一定有某种原因。

当一种变异对一种生物哪怕只有一点用处时，我们无法说清它有多少归因于自然选择的累积作用，有多少归因于生存条件。例如，皮货商人熟知，同种动物生活的地方越往北，毛皮就越厚。可谁又能知道，这类差异有多少是因为多代毛皮较厚的个体拥有优势并被留存了下来，而又有多少是恶劣天气所导致的呢？因为气候似乎对于家畜的毛皮有某种直接作用。

我们在自然界各种生物间看到的许多构造上复杂地相互适应，气候、食物等也会对生物构造产生一些微小的影响。在不同的生存条件下，同种生物可能会产生相同的变种，而在相同条件下，同种生物也会产生不同的变种。当一种生物进入另一种生物的生活区域时，它的变种往往会获得一些非常轻微的特征。举个例子，仅生活在热带和浅海的贝类比生活在寒冷处和深海的贝壳颜色更鲜艳。同样地，大陆上的鸟类比岛上的鸟类颜色更鲜艳。仅生活在海岸的昆虫通常是紫红色或红色的。只生活在海边的植物很容易长出肉质的叶子。有的物种生活在与之前截然相反的气候中，仍然可以保持性状的稳定，不会发生任何变异。这让我倾向于认为，环境条件直接作用的重要性不及生物自身的变异趋势。

依据第一章里所讲的实例，我们的人工养殖动物的有些器官因为使用而增强、增大，有些器官因为弃用而缩小了，这就是用进废退。我想这毋庸置疑，而且是可以遗传的。在不受拘束的自然状况下，因为不了解祖先的类型，所以我们没有比较的标准。但弃用可以最为合理地解释许多动物的构造。自然界中最反常的现象莫过于虽然是鸟但不会飞。南美洲的大头鸭仅能在水面上挥拍它的翅膀。地上觅食的大型鸟，除躲避危险外，极少飞翔。所以我认为栖息在海岛上的一些鸟几乎没有翅膀，是因为没有天敌而弃用翅膀所致。鸵鸟的确生活在大陆上，它们面对危险时无法飞起来逃避，但能够像小型四足动物那样踢敌自卫。我们可以想象一下，鸵鸟的祖先随着自然选择在一代代的更迭中增加了它们身体的大小和重量，它们更多地使用腿，更少使用翅膀，直到最终无法飞行。

— 鸵鸟体形逐渐变大 —

世界上有许多地方的甲虫常常被风刮到海中而溺死，在没有遮蔽的德赛塔群岛上，无翅甲虫的比例比其他岛上的要大。我认为岛上有这么多甲虫没有翅膀，主要是由于自然选择，同时弃用很可能也起了一定作用。因为在一代又一代中，有些甲虫个体或者因为翅膀发育得稍不完全，或者因为特性懒惰，很少飞翔，所以不会被风吹到海里，因而最能存活下来。越是善于飞行的甲虫，越有可能被吹到海里而丧命。

有些岛屿上的昆虫必须会飞才能生存，而这些昆虫的翅膀不仅没有缩小，反而会越来越大。这是因为当新的昆虫来到岛上时，自然选择会决定是让它们的翅膀变大还是缩小，这取决于哪种状况更有利于生存。这就好像在海岸附近遭遇海难的船员一样，对善于游泳的船员来说，游得越远越有利；而对不善于游泳的船员来说，根本不游泳、留在失事船只上则更有利。

有些穴居动物的眼睛非常小，甚至被皮肤和皮毛覆盖，这可能是由于长期不需要眼睛而逐渐缩小，也可能是自然选择的结果。比如南美洲的栉鼠，由于生活隐蔽，常常没有必要使用眼睛，有些栉鼠的眼睛甚至都瞎了。在穴居动物中，眼睛不是必要器官，经常发炎甚至会对生存造成危害。因此，这些动物的眼睛可能会缩小，上下眼睑粘连，甚至长出毛发，这或许对它们更有利。

在美洲和欧洲的洞穴中，有很多失明的生物。虽然它们来自不同的地方，但它们的构造和亲缘关系却非常相似。在我看来，必须假定这些动物具有正常的视力，它们逐代慢慢地从外界移入洞穴内越来越深的处所。对于这种习惯的演变，我们有一些证据。某些蟹虽然已经没有眼睛，眼柄却依然存在，好像望远镜已经失去了透镜，而望远镜的架子仍旧存在。对于生活在黑暗中的动物来说，眼睛虽然没有用处，却很难想象拥有一双眼睛能有什么害处，所以没有眼睛是因为不用。有一种瞎的动物，叫作洞鼠，它们的眼睛非常大。西利曼教授认为，它们在阳光下生活了几天之后，又能恢复一些轻微的视力。正如肖特所言，"刚刚打算从光明转入黑暗的动物，与普通的动物相距并不远。先会产生那些适应微光环境的物种，最后是适应全黑暗环境的那些物种"。历经无数代，动物移入最深的深处时，因为不用眼睛，它们的眼睛差不多全消失了，而自然选择常常可以引起别的变化，如触角或触须的增长，作为失明的补偿。

植物的习性是遗传的，比如花期，种子发芽所需的降水量，休眠的时间，等等。因此我要稍微谈一下气候适应。同属不同种的植物栖息在炎热和寒冷地区的情况原本极其常见，而且我相信同一属的所有物种都来自一个亲本。如果这种观点是正确的，那么气候适应一定可以轻易地在较长的繁衍过程中产生效果。我们虽然不能预知一种引进植物是否可以经受我们的气候，但从不同地区引进的很多动植物却真的能在这里健康地生活。我们并不能明确知道这些动物是否完全适应了本地的气候，也不知道这些动物是否为了更好地适应新环境而发生了变异。

人类最初选择家畜，可能是因为它们有用，并且容易在有限条件下繁殖，但后来人们发现它们能够输送到远方。家畜不仅能够承受极为不同的气候，而且在这些气候下完全能繁殖（这是一个更严格的考验）。我倾向于把对任何特殊气候的适应看作是一种特质，是大多数动物所共有的。从这个观点来看，人类自身和家养动物都能够忍受差异极大的不同气候。已经灭绝的大象和犀牛过去经历过冰川气候，现存的大象和犀牛则生活在热带和亚热带地区。我们不应该将这两种现象看作反常现象，而应看作是生物普遍具有灵活体质的具体实例。

物种对任何一种特殊气候的适应，有多少是由于习性导致的用进废退，有多少是由于具有不同先天构造的变种的自然选择，有多少是由于两者的结合，这是一个非常模糊的问题。总的来说，我认为可以得出这样的结论：在某些情况下，习性或身体部位的使用和弃用，对生物体质和构造的改变起到了比较大的作用。但是，这一效果大都常常和内在变异的自然选择相辅相成，有时候内在变异的自然选择效果还会支配这一效果。

生长的相关性是指整个生物体的各个部分在生长和发展过程中紧密联系在一起，当其中一个部分发生微小的变化时，其他部分也会相应地改变。这个过程可能会导致一个物种中出现特定的性状或特征。身体的几个部分是同源的，在胚胎早期是相似的，似乎容易联合起来变化。

一些学者认为，鸟类骨盆形状的多样性导致了它们肾脏形状的显著多样性。在人类中，母亲的骨盆形状可能会因为压力而影响到胎儿头骨的形状。蛇的身体形状和吞咽方式似乎也决定了几个最重要内脏的位置。

有些畸形也常常会一起出现，这让我们感到困惑。例如，白色猫常常耳聋，玳瑁色的猫通常是雌性，刚出生的幼鸽绒毛的多少和将来的羽毛色泽相关，土耳其无毛犬的毛发和牙齿也有相关性。尽管我们能理解其中可能有同源性发挥作用，但还有什么比这些关联更奇特的呢？

我们可能常常错误地把整个物种群所共有的构造归因于生长的相关性，而实际上这仅仅是遗传造成的。因为一个古老的祖先可能通过自然选择获得了某种构造上的改变，并且经过数千代之后，又获得了另一种独立的改变。这两种变化，在遗传给具有不同习性的后代之后，自然会被认为某些方面必然相互关联。当然有些其他明显的相关情况会在整个目里出现，这显然是由自然选择的单独作用所致。例如，带翅的种子从来不见于不开裂的果实，这是因为带翅的种子只有生在开裂果实中的种子，才会被风吹到更远的地方，比那些不带翅的种子更适合传播，而占据竞争优势。不开裂的果实不可能发生这一过程。

老圣提雷尔和歌德提出了一个生长的平衡法则："为了在一个方面投入，自然被迫在另一个方面节省。"这个法则适用于人工养殖的动物和植物。比如说，如果一头奶牛产奶多，那么它就不容易长胖；同样，白菜不能同时长出丰厚的叶子和大量含油的种子。这个法则还可以在动物的身体上看到，如果一只鸟的头上羽毛很多，那么它的冠就会很小；如果下巴上的羽毛很多，那么它的下颌垂肉就会很小。对于自然状态下的物种，很难普遍适用这一法则。

我还怀疑这一法则能够归纳在一个更为普遍的原则里。节省多余的大型复杂构造是物种每一代个体的决定性优势，因为每个动物都要面对生存斗争，每个个体浪费的营养越少，维持生命的可能性就越大；因为各个动物都处于生存斗争之中，会减少浪费养料在无用构造上，来更好地维持自身需要。

因此我认为，从长远来看，一旦因为特性的改变，身体的一些部分变得多余时，自然选择就会让它缩小，而不是要其他部位相应地增长。反过来说，自然选择也可能会让一个器官变得很大，而不减小相邻部位作为补偿。

同一个体的任意部位或器官如果有多个重复，如蛇的脊椎骨、多雄蕊花中的雄蕊，它们的数量更可能变异。低等生物比高等生物更容易发生变异。我在这所说的低等，是指组织的几个部分没有针对特定功能而专业化。如果同一器官必须承担多种功能，它们容易变异，这就好像切割各种物品的刀子可以是任意形状，但用于某一特定用途的刀具一定有某种特定的形状。退化的器官极其容易变异，它们的变异似乎是因为毫无用处，所以自然选择没有力量阻止它们构造上的偏差。

科学家们发现，同一个物种中，异常发达的部分比亲缘物种的同一部分更容易变异。这是一个普遍的规律。

如果一个物种任何部位或器官的发育程度或发育方式很独特，合理的假设是，它对该物种非常重要。可为什么在这种情况下，这部分很容易变异呢？依据各个物种是被独立创造的观点，就无法找出一个解释。但是，从另一观点来看，即一组物种是从其他物种进化而来，并经过自然选择而变异的，我认为就可以得到一些启示。在人工养殖的动物中，那些因为连续的选择作用，至今仍在快速变化的构造变异也非常明显。比如鸽子的品种，不同翻飞鸽的嘴、不同信鸽的嘴和肉垂、扇尾鸽的姿态及尾羽等差异非常巨大。这些正是目前英国养鸽者主要关注的特征。在同一个亚品种里，如短面翻飞鸽，众所周知，要育成近乎标准的短面翻飞鸽极为困难，新生个体往往与标准相去甚远。可以说这是一场持续不断的斗争，一方面是返祖和发生新变异的内在倾向，另一方面是保持品种纯正的不断选择的力量。从长远来看，人工选择赢得了胜利，因而我们不必担心优良的短面翻飞鸽最终会繁衍出普通翻飞鸽。但是，只要选择还在迅速进行，就可以预期，经历改变的构造总会有很大的变异。

更值得注意的是，这些由人工选择所产生的变化多端的性状，有时由于我们完全不知道的原因，容易偏向到某一性别，通常是雄性，就比如信鸽的肉垂和球胸鸽的嗉囊。

现在让我们转向自然界。如果任何一个物种的一部分比同属的其他物种要异常发达，我们可以得出这样的结论：自从物种从该属的共同祖先分出来以后，这一部分已经历了非常多的变异。一方面是自然选择，另一方面是返祖和变异的倾向，两者之间的斗争将随着时间的推移而停止。由于继续选择那些按所需方式和程度发生变异的个体，而且继续排除倾向返回过去较少变化状态的个体，这种变异性就会被固定下来。最异常发达的器官会成为稳定的器官，我觉得这点毋庸置疑。

之前所讨论的原理可以进一步推广，物种的性状比属的性状更容易变异。由于物种性状是物种从共同祖先分离出来以后发生变异或开始变异的，因此它们很可能仍具有某种程度的变异性，至少比已经长期保持稳定的身体部位更容易变异。举一个简单的例子，如果在一个植物大属中，有些物种开蓝色的花，有些开红色的花，那么颜色就只是一种性状，开蓝花的物种会变为开红花的物种，对于这一点没人会感到惊奇，反之亦然。但是，如果所有的物种都开蓝色的花，这种颜色就会成为属的性状，而它的变异就是反常的事了。

第二性征，即除生殖器官外的其他性别特征，是高度变异的。它们没有像其他性状那样表现出稳定性和一致性，因为它们是被性选择积累起来的。性选择的作用不像普通选择那样残酷，不大受欢迎的雄性不一定会死，只是会传下较少的后代。

不同的物种呈现类似的变异，而一个物种的变种常常表现亲缘物种的某种性状，或者复现早期祖代的某些性状——观察一下我们的人工养殖动物，就会很容易理解这些主张。在相隔遥远的地区有一些品种极不同的鸽，都出现了头生逆毛，脚生羽毛，这是原本的岩鸽不曾具备的一些性状，所以这些就是两个或两个以上不同品种的相似变异都是由于这几个品种的鸽子从一个共同的祖先那里继承了相同的体质和变异倾向。

有这种现象很神奇，因为有些特征在某些物种中已经消失了很久，但在后代身上又重新出现了。最有可能的假设不是某个个体会突然与几百代之前的祖先拥有相似性，而是该性状在每一代都处于潜伏状态，最终在我们不知道的有利条件下得到了显现。

根据我的理论，同一属的所有物种都被认为来自一对共同的父母，它们偶尔会以类似的方式发生变异。因此，一个物种的变种的某些性状就会与另一个物种相似。按我的观点，它们只是特征显著而固定的变种而已。但是，这样获得的性状很可能并不重要，因为所有功能比较重要的性状，都是自然选择根据物种的不同习性保存下来的。

区分变异物种的难度很大程度上源自它的变种与同属的一些其他物种相似。此外，两个物种之间有很多过渡的中间类型，而这些类型本身是列为变种还是物种，仍然存疑。除非我们将所有这些非常相似的类型都认为是独立创造出的物种，不然，上述一点就表明了，它们已经从变异中获取了其他类型的一些性状。但相似变异的最佳证据，来自通常保持性状稳定、偶尔发生变异以便在某种程度上接近相似物种的部位或器官。

我搜集了很多关于马肩上和腿上条纹的例子，这些马来自世界各地，品种也各不相同。它们的共同特点是都有条纹。在印度西北部，品种马通常都有条纹，没有条纹的被认为不是纯种马。这些马的条纹有时在肩膀上，有时在腿上，甚至在脸上也会有。小马驹的条纹往往最明显，老马的条纹则有时消失。不同地方的马都有条纹，从英国到中国东部，从北方的挪威到南方的马来群岛，全是这样。条纹最常出现在暗褐色和棕褐色的马身上，而"暗褐色"一词包含很大范围的颜色，从棕色和黑色之间的颜色到接近奶油色的颜色。有人认为这些马是由几个原始品种演变而来，其中一个暗褐色的原种生有条纹，但我对这个理论并不赞同，因为这些马来自世界各个角落，品种相隔很远，比如比利时重型役马、威尔士小型马、挪威矮脚马和凯替华马。

　　让我们来谈谈马属的几种物种杂交的影响。驴和马杂交所生的骡子的腿上容易生有条纹，我曾见过一只骡子，腿上有很多条纹，让人很容易认为它是斑马的杂交后代。还有一个著名的例子，是由栗色雌马和雄斑驴杂交育成的后代，腿上的横条纹比纯种斑驴更鲜明。另外，有一个杂交种是由驴和野驴杂交得到的，虽然驴和野驴腿上极少生有条纹，但这匹杂交种的四条腿上仍然生有条纹，肩上还生有三条短条纹，脸的两侧也有一些斑马一样的条纹。所以，条纹的出现不是偶然事件。

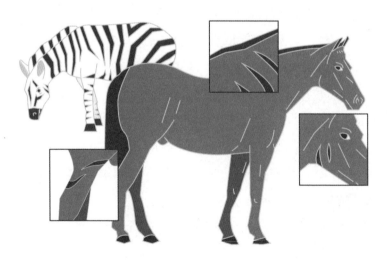

— 条纹动物 —

就我自己而言，我敢自信地猜测，在成千成万代以前，有一种动物具有斑马状的条纹，但可能在其他方面构造非常不同。它就是人工养殖马（不论它们源自一个或多个野生原种）、驴、亚洲野驴、斑驴以及斑马的共同祖先。

我假定，相信每种马都是独立创造出来的人会断言，创造就赋有一种变异倾向，在自然状况下和家养状况下都按这种方式变异，因此经常像该属的其他物种一样变得有条纹。而且，每个物种被创造出来就拥有这种强烈的倾向，当和生存在世界上距离很远的地方的物种杂交时，所生出的杂交种在条纹方面和它们自己的双亲并不相像，而像该属的其他物种。在我看来，承认这种观点，相当于因为一种幻想或者我们不知道的原因而拒绝了一个真理。它使上帝的工作仅仅成了嘲弄和欺骗。我宁愿相信那些古老而无知的宇宙演化论者，认为化石贝壳从来就没有生命，而仅仅是在石头里被创造出来，以模仿生活在海边的贝类的。

变异是生物演化中一个重要的过程，但我们对于变异的法则还非常无知。不过，通过比较物种之间的差异，我们发现同种的变种之间的差异比同属的物种之间的差异小，这表明它们受到了同样的变异法则的支配。环境的变化可以引起一些轻微的变化，而习性、器官的使用或弃用等因素也会影响身体的特征。同源的身体部位容易以相同的方式变异，而且生物体的坚硬部位和外部部位的变化也会影响柔软部位和内部部位。如果对生物没有影响的话，有些部位可能逐渐消失。早期构造的变化也可以影响后来的部分。相同原理也可以应用于所有个体。第二性征在同种物种中的变异很大，而且它们的变异通常会被性选择利用，引起同一物种两性之间出现巨大差异。重要的新变异不一定是由于返祖和相似变异而发生的，但它们会增加自然界的多样性。

不管它们的后代与亲本之间的每个微小差异的原因是什么，都是有缘由的。通过自然选择，这种差异稳步积累，当对个体有益时，就会产生更重要的构造变化，通过这些变化，地球表面上无数的生物能够相互斗争，并且适者生存。

第六章

理论上的难点

在进入本章之前，你可能已经遇到了很多难题。有些问题即使到今天，我也对它们感到惊讶。这些困难和问题可以分为以下几类。

首先，如果物种是缓慢而渐渐地从其他物种演化而来的，为什么我们没有常常看到无数的中间类型呢？为什么整个自然界没有处于混乱状态，而是像我们看到的那样界限分明？

其次，构造和习性像蝙蝠一样的动物，有可能是由另一种完全不同习性的动物变异而来的吗？我们可以相信自然选择一方面能够产生很不重要的器官，如只用来拍打苍蝇的长颈鹿的尾巴，另一方面又能产生像眼睛这样精妙的器官吗？

过渡变种的缺乏——由于自然选择的作用仅仅是保存有利的变异，在一个资源丰富的地区中，每种新的物种都倾向于取代并最终消灭与之竞争的较差的亲本或其他较差的物种。因此，正如我们所看到的，灭绝和自然选择将携手并进。因此，如果我们把每个物种看作是其他未知形态的后代，那么无论是亲本还是所有过渡的变种，通常都会在新形态形成和完善的过程中被消灭。

— 地壳博物馆 —

　　根据这一理论，曾经存在过无数中间类型，但为什么我们没有在地壳中发现大量的中间类型呢？原因主要是地质记录并不完善。生物并不住在深海中，而它们的遗骸只有在足够厚实宽广的沉积物中才能保存到未来。只有当沉积物在缓慢下沉的浅海床上大量沉积时，才能形成这种含化石的沉积物。这些事件很少发生，而且间隔时间非常长。当海底静止不动或上升时，我们的地质历史就会出现空白。地壳是一个巨大的博物馆，它只是每隔很长一段时间才收藏一次生物，所以它并不会收藏所有的生物。

首先，我们不能认为现在相连的地区在过去也是相连的，因为地质学告诉我们，几乎每个大陆在过去都被分裂成岛。这些岛上可能形成了不同的物种，因此没有过渡性地区，也就没有过渡变种。但这并不意味着过去分裂、现在相连的地区对新物种的形成没有关键作用。

观察现在分布在广阔地区的物种时，我们会发现它们在一大片领土上数量相当多，但在边界处就渐渐稀少，最终消失。因此，两个代表物种中间的过渡地带与各自聚居地相比，通常很狭窄。在登山时也可以看到同样的事实，有些植物会突然地消失。但我们要记住，几乎每个物种，假如没有物种与它竞争，它的个体数量将增加到难以计数。几乎所有动物都捕食猎物或成为其他动物的猎物。简言之，我们会看到任何地区生物的分布范围并不仅仅取决于细微的自然条件变化，而是主要取决于这种生物的捕食对象、天敌和与之竞争的其他物种。当它的天敌、捕食对象的数量出现波动或大自然季节交替时，该物种在边缘地带很容易完全消失，这样它的地理分布界限就会更分明。

当近似或代表物种栖息在一个连续的区域内时，其分布方式通常是每个物种占据一片广阔的区域，两个物种中间是相对狭窄的过渡地带，在这里，它们的数量突然变得越来越稀少。同样的规则也适用于变种。中间变种栖息在中间狭小的区域内，个体数量通常比两边的生物类型少得多。因此，它们很容易被两边的近缘类型侵犯。在进一步的变化过程中，两个变种会得到完善，成为两个独特的物种，个体数量更多，生存范围更大。因为数量较多的物种总是比数量较少的稀有物种更能够呈现出更多有利的变异以供自然选择利用。所以中间变种存在的时间不是很长，而且它们通常比两边的生物类型先消亡。

综上所述，我们相信物种是界限极为分明的生物，任何时期都不会因存在中间过渡的生物类型而混淆界限。其次，一定存在过无数的中间变种，把同一类群的所有物种紧密地联系在一起。但是，自然选择的过程总是趋向于消灭亲本类型和中间变种。因此，只能在化石遗骸中找到它们以前存在的证据。后面某一章我们要说明，化石遗迹在保存生物方面非常不完善，而且时断时续。

有些人反对我的观点，他们问，陆地上的肉食动物怎么可能变成水生动物呢？中间状态的动物怎么能生存下来呢？其实，现在已经有很多动物，从陆地到水中，都存在着各种各样的中间状态。因为所有的动物都需要斗争才能生存，它们必须适应自己在自然界中的地位。比如，北美水貂就有足蹼、皮毛、短腿和像水獭一样的尾巴，可以在夏天潜入水中捕鱼，在冬天则在陆地上捕老鼠和其他陆地动物。

虽然有些人会问，那么食虫的四脚兽怎么能变成能飞的蝙蝠呢？ 让我们看看松鼠科的动物，有些种类的尾巴只是稍微扁平，还有一些种类则有着宽大的身体和饱满的侧翼皮肤。这些种类之间有很多中间类型，其中最神奇的是鼯鼠。鼯鼠有宽阔的皮膜，可以让它们在空中滑翔，从一棵树跳跃到另一棵树，它们的侧膜可以减少它们受到鸟类或猛兽的捕食，或者帮助它们更快地收集食物，还可以减少摔倒的风险。但并不是说每个松鼠的构造都是最好的。如果气候或植被改变，或者有新的动物出现，松鼠的构造也必须随之变化才能生存。在这个过程中，松鼠的侧膜会逐渐完善，它们会逐渐适应新的生存条件，通过遗传来不断改进自己的构造，直到进化出完美的飞鼠。

飞狐猴也很神奇，它们的侧膜非常宽，从下巴一直延伸到尾部，连接着四肢，四肢上还有细长的趾。虽然现在还没有将飞狐猴与其他食虫类连接起来的中间类型，但我们可以想象这些中间类型过去可能存在过，每种动物的构造都对它的拥有者有所帮助。在进化过程中，每个等级的构造都对动物有利，通过遗传，这些有用的构造就得以累积，直到进化出完美的飞狐猴或蝙蝠。

如果不是真实存在过，谁敢猜想翅膀还能这样用？比如只会用翅膀拍打水面的大头鸭，在水中将翅膀当作鳍的企鹅，用翅膀来挡风的鸵鸟，以及从来用不上翅膀的几维鸟。这些构造都对它们在特定生活环境中生存有益，但并不一定在所有条件下都是最佳的。但是每种鸟的构造都表明，它们可能经历过某些过渡状态。

看到甲壳动物和软体动物这类水生生物的一些成员能够适应陆地生活，又看到飞鸟、飞兽，各式各样的飞虫，以及之前曾经存在过的飞行爬行类，就可以想象那些依靠拍击鳍而稍稍上升、旋转和在空中滑翔很远的飞鱼，可以变为翅膀完善的动物。看到过渡阶段的它们，谁又能想到，它们曾是大洋里的居民呢？据我们所知，它的初始飞行器官仅仅用于躲避其他鱼类的吞食。

有时候，同一物种中的个体会表现出截然不同的习性和构造。这些变化可能是为了适应环境的改变。如果这种变化可以帮助动物在生存竞争中取得优势，那么它们的构造和习性可能会越来越适应特定的环境。甚至可能会出现新物种，它们具有异常的习性和构造，不同于常见类型。

例如，有些啄木鸟可以飞上树并从树皮的缝隙里捉取昆虫，而另一些啄木鸟则以水果为食。还有一些啄木鸟的翅膀很长，可以飞行捕捉昆虫。在南美洲，有一种啄木鸟看起来和英国普通啄木鸟很像，但它从不爬树。

有些人认为生物一旦被创造出来，它们就已经是现在看到的那样了。但事实上，有些动物的习性发生了改变，而它们的构造并没有相应变化。比如鸭子和鹅的蹼足是为了游泳而形成的，但有些水鸟却只在脚趾边缘有薄薄的膜。而且，有些动物的构造已经开始发生变化，但它们的器官还没有完全进化到初级阶段。例如，军舰鸟的趾间深凹的膜，说明它的构造已经开始改变了。

对于极端完善和复杂的器官，说其因自然选择而形成，好像荒谬透顶。例如眼睛拥有独特的构造，能够调整焦距，看清不同距离的物体，接受不同强度的光线，校正球面像差和色差。但如果能证明眼睛从简单到复杂的各级类型的变异都对它们的主人有用处，并且这些变异是可遗传的，那么就可以解决眼睛能否因自然选择而形成的难点。虽然我们还不能解释神经是如何感知光的，但是我们可以指出，任何敏感的神经都有可能变得感光，同时能感受到那些空气粗糙震荡而发出的声音。

在探究任意一个物种的器官完善过程中的中间类型时，我们应该单独观察它的直系祖先。但在现存的脊椎动物中，我们只发现了少量的眼睛构造的分级类型，而从化石的物种中，我们一无所获。也许必须深入地层，到达已知最底的化石层，才能发现已经完善的眼睛的早期阶段。

在关节动物这一大纲里，我们起初能看到的是单纯色素层包围着的视神经，没有任何视觉机制。这个低级阶段可以证明存在着大量构造进阶，直到达到一个较为完善的阶段。例如，某些甲壳类动物有一个双层角膜，内部的角膜分为几个小面，每个小面内都有一个透镜状的晶状体。而其他甲壳类动物中，覆有色素的晶状体只在排除侧面光的情况下起作用。它表明，现存甲壳类动物眼睛有渐进发展的多样类型。我们相信自然选择可以将简单的视觉结构转变为复杂的视觉器官。

如果有任何一个复杂的器官不能通过无数轻微的变异来形成，我的理论就会被推翻。但是到目前为止，我们还没有发现这样的情况。

许多低等动物的同一器官可以同时发挥完全不同的功能。蜻蜓的幼虫和花鳅的幼虫的消化管同时具有呼吸、消化和排泄的功能。水螅则可以将身体的内部翻到外面来，这样消化管的内层就负责呼吸，而外层则负责消化。这些例子中，如果对生物有利，自然选择可能会让执行两种功能的整个器官或器官的一部分专门执行一种功能，通过难以觉察的细微变化一步步极大地改变生物的性质。此外，两个不同的器官有时会在同一个生物身上同时发挥同样的功能。例如，鱼类使用鳃呼吸水中溶解的氧气，同时也用鳔呼吸游离的空气，鳔被富有血管的隔膜分开，并有鳔管供给它空气。在这种情况下，两个器官中的一个可以很容易地变异和完善，以便自己完成所有的工作。在变异的过程中，另一个器官也可能会变化，甚至也可能会整个消失。

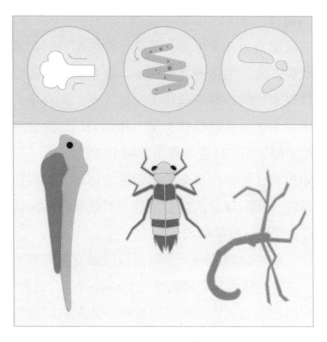

— 器官的功能 —

　　有些器官可能最初是为一种功能而形成的，但它们却逐渐变成了用于另一种功能的器官。鱼鳔就是一个很好的例子，最初它是用来漂浮的，但随着时间的推移，它逐渐转变为用于呼吸的器官。实际上，许多生物的器官都是通过漫长的演变过程形成的。例如，现在有肺的脊椎动物可能是从一个带有鳔的原始生物演变而来的。我们现在也能在胚胎里看到这些远古的痕迹。同样地，环节动物的鳃和背鳞，与昆虫的翅膀和鞘翅是同源的，很可能在非常古老的时期用于呼吸的器官实际上已经转化为飞行器官。

虽然我们很难知道一个器官是如何从它的原始形态变成今天的形态的，但我们可以观察到现存和已知类型的器官经常是通过中间类型逐渐形成的。这是博物学家们已经研究了很久的问题。他们总结出一个古老的格言，"自然界没有飞跃"，也就是说，自然界的变化是缓慢而连续的。虽然自然界里有很多的多样性，但真正的创新却是很少的。为什么会这样呢？因为自然选择只能利用微小的连续变化来发挥作用，不能跳跃。自然界没有骤变，只有缓慢而连续的变化，这也是我们研究生命和进化的一个重要原则。

自然选择让每个生物都具有最适合它们生存的特征。但有时候我们很难理解为什么一些不那么重要的器官会出现。首先，我们对每种生物的整体构造知之甚少，不知道每个微小变异对它是否重要。例如，有些昆虫的茸毛和果肉颜色不同，决定了昆虫是否会来掠食它们，而这种变化是可以被自然选择利用的，甚至长颈鹿的尾巴也可以被认为是为了驱赶苍蝇而形成的。在南美洲，动物的分布和生存取决于它们能否抵抗昆虫攻击。这意味着能够防御这些敌人的动物可以进入新的草场，获得巨大的优势。

有些微不足道的器官在古代是非常重要的，它们随着时间的推移变得越来越完善。即使现在用处已经小了，但它们的构造仍然会得到保留，因为它们没有实际的有害影响，因此自然选择没有抑制它们。例如，许多水生动物的尾巴在古代是非常重要的运动器官。现在，这些尾巴可以用作苍蝇拍或抓握器官，或像狗尾巴那样用于辅助转弯。

其次，我们有时也会把那些实际上不太重要的性状当作是重要的。这些次要的性状可能是由于气候、食物等环境因素对组织产生的影响所导致的。此外，性选择可以改变动物的外在性状，使雄性动物在搏斗或吸引雌性动物时具有优势。最后，一些由未知原因引起的构造改变，起初可能对物种没有益处，但之后可能会被处于新的生存环境、获得新习性的变异后代利用。

让我们来举几个例子。假设我们只知道绿色的啄木鸟而不知道其他颜色的啄木鸟，我们可能会认为它的绿色羽毛是为了躲避敌人而进化出来的。但事实上，这种颜色可能是因为性选择而进化出来的。类似地，有些植物可能进化出了攀缘构造来爬上树枝，但是这些构造最初可能是因为其他原因而形成的。在很多非攀缘性的树上我们也看到了十分类似的钩。秃鹫头上裸露的皮肤普遍被认为是为了便于扎进腐败物的直接适应。实际情况可能如此，也可能是腐败物质直接导致秃鹫头上的皮肤裸露出来。但是，当我们看到吃清洁食物的雄性火鸡头上的皮肤同样裸露时，我们就应该非常谨慎地去做这样的推断。

　　有些学者认为，每个生物构造的细节并不一定都是为了它们的利益而存在的，有些构造可能只是为了美丽、多样性或取悦人类或造物主而存在。这种观点似乎与功利说相反，但我们可以认为，许多构造并不直接有用处，但它们可能是由相关生长或其他原因导致的变异所产生的。这些变异可能会导致一些以前有用的性状再次出现，尽管现在已经没有用处。性选择也可能导致一些构造的出现，但它们往往只是为了美丽，而非直接有用处。我们可以肯定的是，每个生物身体构造的大部分都是遗传得来的，但现在许多构造与每种生物的生活习性没有直接关系。例如，我们可以看到猴子的手臂、马的前腿、蝙蝠的翅膀和海豹的鳍状肢体中有相似的骨头，但我们无法确定它们对这些动物是否有特殊用途。但是，我们可以推测蹼足对于高地鹅、军舰鸟和大部分水鸟来说是有用的。过去和现在一样，生物的构造受到各种遗传、返祖、相关生长等法则的影响。因此，所有生物的所有构造细节都通过复杂的生长法则对生物有些直接或间接的用处。

　　自然选择不可能使一个物种产生唯独对另一个物种有利的任何变异。虽然一个物种可以利用其他物种的构造而获利，但自然选择通常会让一个物种产生对其他物种直接有害的构造，比如蝰蛇的毒牙和姬蜂的产卵器。

如果有人能够证明一个物种的构造的任何部分都是为了其他物种的利益而形成的，那就会推翻我的理论。但是，目前还没有找到这样的证据。

自然选择永远不会产生任何对自己有害的构造，因为自然选择完全依据各种生物的利益并且为使它们获利而起作用。如果某个部分出现问题或变得对生物不利，自然选择会让它改变或消失，以确保生物的生存。不过，生物的完美程度并不是绝对的，每种生物都会不断面临着适应环境的挑战和变化。例如，新西兰特有的生物彼此相比都很完善，但面对从欧洲引进的大批植物和动物时，它们就不那么有优势了。即使是我们认为最完善的器官，如人眼，对光线的适应也不是完美的。我们要明白，自然界中有很多伟大的发明，但也有一些不够完美的地方。例如，黄蜂和蜜蜂的刺在保护自己时非常有用，但因为刺上有倒钩，无法收回，有时会导致它们的死亡。所以我们需要认识到，在自然界中并没有完美无缺的生物，每个生物身上的构造都有它的好处和局限性。

蜜蜂的刺是它们的武器，可以保护整个蜂群。虽然蜜蜂的刺会让一些蜜蜂失去生命，但是这种刺对于整个群体来说是非常有用的。兰花等许多植物通过昆虫授粉，冷杉则精心将花粉聚集在一起，使它们被风吹起时有机会落在胚珠上。虽然它们的方法不同，但它们的构造都是为了自己的繁衍和生存。

在这一章中，讨论了反对我的理论的一些难点和异议，其中有很多很关键。但是，我想我在此已经阐明了一些事实，假如依照独立创造的理论，这些实例是无法完全说清的。

另外，人们普遍认为，所有生物都是根据"模式统一"和"生存条件法则"形成的。"模式统一"是指在构造上的基本一致，这是我们在同一类生物中看到的，完全独立于它们的生活习性。根据我的理论，模式的统一能够用祖先的统一来解释。著名的居维叶常坚信的"生存条件法则"，完全能够包含在自然选择的原理中。这是因为自然选择或是根据每个生物的生存环境决定了它们目前的变异部位，或是在过去的历史中保留下来的变异已使它们适应了。

第七章

本能

在前面的章节中，我们已经讲述了自然选择和物种的进化过程，但在这里，我们将要讨论本能。一种没有经验的动物，尤其是幼小动物去完成的活动，并且许多个体并不知道自己是为了什么目的去按照同一方式去完成的活动，这一般就称为本能。例如，蜜蜂筑巢和杜鹃迁移都是本能行为，它们能够在没有经验的情况下完成这些活动。即使是自然等级很低的动物，其本能中通常包含一点判断或理智成分。

把本能与习性做过比较，我认为，习性容易与其他习性、一定的时期、身体的状态相关联。习性一旦获得，通常会在一生中保持不变。本能和习性之间还可以指出几个相似之处。作为本能，一个动作会跟着另一个动作，也有一定的节奏。和重复唱一首著名的歌一样，假如一个人在唱歌时被打断了，或当他反复背诵一些东西时被打断了，一般他就要被迫从头开始，借此恢复已经成为习惯的思路。毛毛虫在搭建复杂的茧床时也是这样。生物学家把已将茧床建到第六阶段的毛毛虫放到一个仅仅建到第三阶段的茧床上，毛毛虫就会重复第四、第五、第六阶段的建造过程。如果把完成第三阶段的毛毛虫，放在已完成第六阶段的茧床里，那么工作已大都完成了，可是它并没有从中感到受益，反而不知所措。为了完成它的茧床，它似乎会被迫从它中断的第三阶段开始，试图完成那些已经完成的工作。

人们普遍承认，在现今生存条件之下，本能对各个物种来说，有如肉体构造一样重要。在改变过的生存条件下，本能的微小变异至少可能对一个物种有益。如果能证明本能的确会出现微小的变异，那么我认为自然选择完全可以保存和持续积累有利的本能变异，使这种本能发生很大的变化。我相信，一切最复杂、最奇妙的本能就是这样产生的。正如身体构造的变化源于使用或习性，并因使用或习性而增加，又因减少使用或弃用而丧失一样，我毫不怀疑本能亦是如此。但我相信，习性的影响与自然选择的影响相比，其重要性非常次要。

像身体构造一样，每个动物的本能都是为了自己的利益。从来没有本能是为了其他物种的独享利益而产生的。最明显的例子就是蚜虫自愿为蚂蚁分泌蜜液。我搬走了十来只蚜虫堆里所有的蚂蚁，数小时内不让它们回来。过了一些时间，我感觉蚜虫要开始分泌蜜液了。我用放大镜观察了蚜虫一段时间，发现没有一只蚜虫分泌蜜液。于是，我用一根毛轻轻地触动和拍打它们，极力模仿蚂蚁用触角触动它们时的情况，但还是没有一只分泌蜜液。

随后，我让一只蚂蚁去接近它们，从蚂蚁快速移动的样子看来，它好像立刻觉察到它发现了非常充足的食物，于是开始用触角去触动每只蚜虫的腹部，一感觉到蚂蚁的触角时，各个蚜虫立即举起腹部并分泌出一滴澄清的蜜液。即使是非常年幼的蚜虫也会这样做，这表明这种行为是本能的，而非经验的结果。蚜虫的这种分泌物黏性很大，能够清除，对蚜虫来说一定有利，因此蚜虫分泌蜜液很可能并不仅仅是为了蚂蚁。我不相信世界上任何动物会为了其他物种的独享利益而从事某些活动，但各物种却试图利用其他物种的本能，就像利用其他物种较弱的身体构造一样。

在自然状态下，本能必须有某种程度的变异，自然选择才能发挥作用。举例来说，一些鸟类的筑巢本能在不同的地方和气候条件下会有所变异，导致它们的巢结构也会有所不同。而对于敌害的恐惧，这也是一种本能，但这种恐惧也可以通过经验或者观察其他动物来加强。在荒岛上的动物也会慢慢学会对人类感到恐惧。在不同的地方，同一种动物也可能会表现出不同的本能，例如英国的喜鹊很警惕，而挪威的喜鹊则较温顺。这些本能的变异和适应都是为了让生物在不同的环境中更好地生存和繁衍。

自然状态下，同一种动物个体的性情十分多样化，这些习性如果对物种有利的话，就可能会通过自然选择产生新的本能。简单地想一下人工养殖下的一些例子，就会发现本能有可能变异并遗传，甚至比自然状态下的可能性更大。由此可见习性和所谓偶发变异的选择，在改变人工养殖动物的性情上分别发生作用。让我们先来看看不同品种的狗。毫无疑问，第一次把幼小的指示犬带出去，它有时就能指示猎物的所在，甚至能援助别的狗（我曾亲眼见过这动人的情况）。寻回犬确实在某种程度上可以把寻回的特性遗传下去。牧羊犬有一种本能倾向，它不在绵羊群内奔跑，而是环绕羊群奔跑。没有经验的幼体也可以完成上述行为，每个个体的行为方式几乎相同，每个品种都带着急切的热情完成这些行为，但它们并不知道这些行为的目的。然而，人工养殖的动物的本能不如自然界中的动物那样稳定，因为它们受到的选择宽松得多，积累的时间短得多，所处的环境也不如自然状态下那么稳定。

人工养殖下的本能被说成是完全由长期持续和强迫养成的特性遗传下来的动作，但我认为这不正确。假如未曾有过一只狗自然地具有指示方向的倾向，不一定会有人想到要训练狗去指示方向。这种情况偶尔也会发生，就像我曾经在一只纯种㹴犬身上看到的那样。当第一种倾向一旦表现出来，此后有计划地选择和强迫训练每一代，就产生了遗传效果。每个人都在努力得到在指示猎物和捕猎方面最出色的狗，因此无意识选择也在不断发挥作用。

　　自然本能在驯化过程中可以消失：最明显的例子莫过于一些品种的鸡很少孵蛋或从不孵蛋。我们已经和人工养殖的动物相处久了，以至于我们看不到它们的心理变化。现在的狗已经有了与人类亲近的本能。但是在驯化之前，所有的狼、狐、豺以及猫都会攻击家禽。但已经被文明化的狗，即使很小，也不需要特别教它们不要攻击鸡、绵羊和猪，因为它们已经被驯化。当然它们偶尔也会发动攻击，然后就会挨揍。如果这种攻击行为没有改变，这些狗就会被除掉。这些习性通过某种程度的选择，也许已经靠遗传使家狗文明化了。

　　另一方面，小鸡完全由于习性而丧失了对猫和狗的恐惧，这种恐惧无疑是它们最初的本能，在家养母鸡饲养下长大的小野鸡也显然有同样的本能。但这并不是说鸡已经完全失去了恐惧，而只是失去了对于猫狗的惧怕。一旦母鸡发出警示危险的叫声，小鸡便从母鸡的翅膀下跑开（尤其是小火鸡），躲到四周的草或丛林里去了。这显然是本能的动作，方便让母鸡飞走，就如我们在野生的陆栖鸟类身上所看到的那样。这种本能在家养小鸡身上毫无用处，而且母鸡的翅膀由于长期得不到使用，几乎已经失去了飞行能力。

　　我们现在知道，在人类驯养下，动物会获得新的本能，也会失去自然状态下的本能。这个结果是因为它们的习性和人类的选择和积累的特定心理习惯和行为的结果。有时，这些习性是强制性的，可以改变动物的心理遗传，而在其他情况下，它们只是有计划和无意识选择的结果。但大多数情况下，可能是习性和选择共同作用的结果。

杜鹃是一种鸟，它有一个奇怪的习性，它们喜欢在别的鸟的巢里下蛋。现在人们普遍认为，杜鹃产生这种本能更直接和最终的原因是它并非每日产蛋，而是每隔两三天产一次蛋。因此，如果它要自己筑巢，坐在自己的蛋上，第一批生下的蛋就必须暂时不孵化，否则同一个巢里就会有不同龄期的蛋和幼鸟。如果是这样，产蛋和孵化的过程可能会很长。但美国杜鹃就自己筑巢，而且在同一时间产蛋和照顾相继孵化的幼鸟。

许多鸟类偶尔都有在其他鸟类的巢中下蛋的习性，可以是同种的鸟巢，也可以是异种的鸟巢。在鸵鸟科中，几只雌鸟会联合起来，先在一个鸟巢中下几个蛋，然后又在另一个鸟巢中下几个蛋，这些蛋由雄鸟孵化。这种本能可能是因为雌鸵鸟虽然下蛋很多，但如杜鹃一样，间隔两天或三天才下一次。然而，美国鸵鸟的这种本能还没有完善，因为平原上散落着数量惊人的鸟蛋，所以在一天的狩猎中，我捡到了不下二十个鸟蛋。

许多蜂类都是寄生的，它们总是把卵产在其他蜂类的巢里。这种情况比杜鹃的情况更惊人。它们的构造也根据寄生习性而改变了，甚至不再具有为幼蜂采集花粉的器具。有些昆虫也一样，它们自己不打洞存储食物，而是寄生在其他昆虫打好的洞里。这些情况意味着，如果这种临时习性对物种有利，那么自然选择就会将这种临时的习性变成为永久的。

— 蜜蜂筑巢 —

血蚁和它的奴隶之间有一种非常特殊的关系，这种奴隶制度非常奇特，让人难以置信。这种奴隶是一种黑色的小蚂蚁，不及红色主人的一半大。当血蚁的巢穴受到威胁时，奴隶会和血蚁一起保护巢穴，当巢穴受到严重破坏时，奴隶们还会帮助血蚁将幼蚁和蛹搬到安全的地方。奴隶们似乎非常满足现状，因为我们从来没有看到它们自己离开巢穴。

有一天，我有幸目睹了血蚁搬巢，主人们谨慎地把奴蚁衔在颚间，有趣极了。还有一天，大约二十只蓄奴血蚁围着同一地点转，显然不是在寻找食物，这引起了我的注意。它们靠近一种奴蚁（独立的黑蚁群），并且遭到猛烈的反击，有时多达三只奴蚁揪住血蚁的腿不放。血蚁残忍地弄死了这些抵抗者，并且把尸体拖到二十九码远的巢中去当作食物，但它们没能获取一个蛹来培育为奴蚁。我从另一个巢里挖掘出一小团黑蚁的蛹，放在邻近战斗的空地上，血蚁急忙把这些蛹捉住并拖走，大概以为是在最后的战役中获胜了。

与此同时，我在同一个地方放了一小块另一种蚂蚁的蛹（黄蚁），其上还有几只攀附在巢的碎片上的这种小黄蚁。这种蚂蚁有时会沦落为奴，但很少见。这种蚁虽然这么小，但极勇敢，我看到过它们凶猛地攻击别种蚁类。事实证明血蚁立即就能分辨出。当它们遇到黑蚁的蛹时，立刻热切地去搬运，遇到黄蚁的蛹时却非常害怕，迅速跑开了。但是，大约经过一刻钟，当小黄蚁都走之后，它们这才鼓起勇气，将蛹抬走。

血蚁的本能是怎么一步步产生的，我不愿妄加臆测。但是，正如我所看到的，如果有其他物种的蛹散落在蚁巢近旁，不蓄奴的蚁也会把这些蛹拖进去，所以这些本来是当作食物的蛹，可能会被培育起来。这些无意中养育出来的外族蚂蚁就会按照自身的本能，完成它们力所能及的工作。如果证明它们的存在对捕获它们的蚁类有用，那么收集蛹这个最初是为了食物的习性，可能会通过自然选择得到加强，并且变为与初衷完全不同的永久的蓄奴行为。

还有一些极其相似的本能，在生物等级相差很远的不同动物身上被发现，我们不能认为这种相似性来自共同祖先，只能认为它们是通过自然选择分别获得的。我指的就是昆虫群体中的中性昆虫，即不育的虫，这些中性昆虫在本能和构造上常常与雄虫和可育雌虫存在较大差异，而且由于自身具有不育性，它们无法繁殖后代。

如果一些昆虫具有群居性，每年大量能工作且不能生育的个体出生对群体有利，那么我觉得自然选择完全可以实现这一结果。但最大的难点在于，有几种蚂蚁的中性成员不仅与可育雄蚁和可育雌蚁存在差异，而且这些不育的中性蚂蚁之间也存在差异。例如，埃西顿蚁的中性工蚁和兵蚁具备极为不同的颚和天性，隐尾蠊只有一个等级的工蠊，它们的头上生有一种奇异的盾。墨西哥的蜜蚁有一个等级的工蚁，它们永不离开巢穴，它们由另一种工蚁喂食，腹部发育得很大，能分泌一种蜜液，这种工蚁类似于蚜虫。

依据正常变异类推，我们能够断言，这种连续、微小、有利的变异，一开始并非发生在同一巢中的所有中性虫身上，而只发生在少数的一些中性虫身上。经过长期持续的选择，能够产生极多具备有利变异的中性虫的可育亲本，中性虫最终就都会具有所需的性状。

我相信自然选择可以让一个物种中出现不同种类的中性虫。但最困难的地方在于，在同一个蚂蚁巢穴中，可能存在着两种非常不同的不育工蚁等级，甚至它们与亲本也有很大的区别。这就像是一步步逐渐演变的过程，由于极端类型的工蚁的亲本更容易生存下来，所以越来越多的工蚁体形极端化，最终不再产生中间体形的个体。

这个事实表明，分工在人类社会中很重要，在蚂蚁社会中也很重要。由于蚂蚁没有后天学习和工具制造的能力，只能靠遗传的本能和武器来工作。因此，只有不育的工蚁才能实现完美的分工。因为如果它们生育能力强，就会杂交，它们的本能和构造就会融合在一起。我相信，大自然通过自然选择的方式，在蚂蚁群体中实现了这种令人钦佩的劳动分工。这个例子证明了自然选择的力量，证明了动物和植物一样，大量微小的、偶然的变化积累起来，可以影响构造上任何级别的改变。这些有益的变异不需要靠锻炼或习性。不育的工蚁所独有的习性，无论经过多长时间，也不可能影响专门生育后代的雄蚁和雌蚁。

第八章

杂交种

博物学家们认为，物种在杂交时会变得不育，这可以防止生物的杂交，保持各个物种的独特性。但杂交种的不育性对它们本身没有任何好处，因此不育性并不是一种被特别赋予的特质，而是随着获得其他差异而次生的。

在讨论这个问题时，有两种不同的例子经常会混淆在一起：一个是物种初次杂交的不育性，另一个是其杂交后代的不育性。

纯正物种的生殖器官通常是完美的，但当它们与其他物种杂交时，往往会导致不育的后代，有时甚至没有后代。与此不同，杂交后代的生殖器官结构上是完整的，但实际上存在功能缺陷。这两种不育性的区别常常被忽视，但很重要，因为它们帮助我们区分物种和变种之间的界限。

一方面，不同物种在杂交时的不育程度大不相同，而且以难以察觉的速度缓慢消失。另一方面，纯种的生育能力非常容易受到各种环境的影响。所以从一切实用的目的来看，很难说出完全可育性终点和不育性起点的界限。

可育性往往在头几代突然下降。我认为可育性的降低都由于一个独立的原因，那就是过于接近的近亲杂交。不同个体或变种的偶尔杂交会增加后代的活力和可育性，而近亲杂交会降低后代的活力和繁殖力，对此我收集了许多事实。并且实验者们很少种植大量的杂交种。亲本或其他近缘杂交种往往都生长在同一园圃内，所以在开花季节的昆虫传粉必须谨慎防止。如果杂交种独自生长，它们每一代通常只能自花授粉，而杂交种的根源本身已经降低了它们的可育性，那么自花授粉很可能会进一步降低它们的可育性。

一位杂交工作者赫伯特牧师得出的结论是，一些杂交种能完全可育，就像纯正亲本一样。赫伯特得出了许多重要的结论，其中一个例子是在长叶文殊兰荚果中授以卷叶文殊兰的花粉，就会产生一种在自然受精情况下从未见过的植株。这表明，两个不同物种的初次杂交，可以获得完全的可育性，甚至比纯正亲本还要更完全。

对于一些个体及某些物种的一切个体，用属内其他物种进行授粉，比用自花授粉更容易产生杂交种。例如，朱顶红的一个鳞茎开了四朵花，赫伯特在其中三朵花上进行自花授粉，然后第四朵用来自其他三个不同物种的复合杂交品种的花粉受精。结果是："那三朵花的子房很快就停止生长，几天之后全部枯萎，至于用杂交种花粉受精的则生长旺盛，迅速成熟，而且结下能够自由生长的优良种子。"

园艺家的实际实验虽然缺少科学精密性，却值得留意。当大面积种植同一杂交种，使杂交种的生存条件与正常物种相同，通过借助昆虫的媒介作用自由杂交，就可以避免近亲交配的不利影响。我花了一些工夫，证实了杜鹃花属某些复合杂交种的可育程度，"它们自己完全能够繁殖，就好像是来自智利山中的一个自然物种"。我相信这一属的许多杂交种具有完全的可育性。只要检查一下其中比较不育的花，我们就会确信昆虫媒介作用的效力，因为即使一些不产生花粉的柱头上也能够发现大量异花花粉。

一种起源于帕拉斯的理论，已被现代博物学家广泛接受。那就是，大部分人工养殖动物是由两个以上的野生物种杂交混合而来的。根据这一观点，原始的亲本要么一开头就产生了完全可育的杂交种，要么是杂交种在此后的人工养殖状况下变为可育的。后一种说法在我看来是最有可能的，我更相信它的真实性。例如，我相信我们的狗是由几种野狗演化而来的。根据这个观点，我们要么放弃不同物种杂交时普遍不育性的信念，要么承认动物的不育性不是恒久的性状，而是能够在人工养殖状况下被消除的一种特性。

根据动植物互相杂交的一切确定事实，可以得出这样的结论：在初次杂交和杂交种中，一定程度的不育是一个极其普遍的结果。但是，通过一些实验，我们发现不育性可以逐步降低，直到完全可育。这种过程非常奇妙，我们可以通过将不同物种的花粉放在同一物种的花柱上来观察。一开始，完全不育，但随着杂交的次数增加，逐渐变得可育。在某些不正常的情况下，杂交种的可育性甚至超过了纯种物种。

两个很难杂交且很少产生后代的物种，它们的杂交后代通常是不育的。但是，初次杂交的困难和由此产生的杂交不育，二者并不具有严格相关性。有些物种容易杂交但难以繁殖，而有些物种很难杂交但杂交种却具有强繁殖能力。

无论是初次杂交的可育性，还是杂交种的可育性，都比纯正物种的可育性更易受不良条件的影响。不过，可育性的程度也更容易内在变异。人们常常发现同一批种子在相同环境下培植出来的几株植物可育性完全不同。

— 不同的狗 —

尽管我们还不能完全理解为什么物种之间的杂交和不育现象存在，但是我们已经知道了很多有趣的事情。首先，初次杂交的可育性以及由此产生出的杂交种的可育性，程度差异非常大。其次，明显不同的物种杂交时，它们的可育性是从完全不育渐渐到完全可育，甚至在一些条件下可以有很强的可育性。最后，除了明显易受有利和不利条件影响外，可育性是内在可变异的。

　　同一物种存在某种差异的个体交配，也就是不同品系、亚种的杂交，会让后代拥有很强的活力和生育能力。根据第四章提到的事实，我认为哪怕是雌雄同体的生物，一定量的杂交也是不可或缺的。在相同生存环境下，关系最近的亲属连续数代的交配几乎必然导致生物体形变小、变弱或不育。

　　在自然界中，物种和变种之间一定存在某种本质区别，因为无论变种相互间外表有多大差异，都很容易杂交，得到具有完全生育力的后代。我们很难证明自然状态下的变种具有不育性，因为一个之前被看作变种的生物，如果被证明具有任何程度的不育性，那么几乎所有人都会将它列为物种。我认为杂交的可育性并不是物种和变种之间的根本区别。依我看，初次杂交和杂交种的一般不育性并非永远不育，它不是一种特殊的禀赋，而是伴随变异而缓慢获得的连带现象，尤其是杂交类型生殖系统发生的变异。

有些植物的变种杂交时，可能会出现一定程度的不育性。举个例子，盖特纳多年间对九个毛蕊花属物种做了大量实验，结果他发现黄色变种与白色变种杂交时结出的种子，比同一物种颜色相似的变种杂交时结出的种子要少。

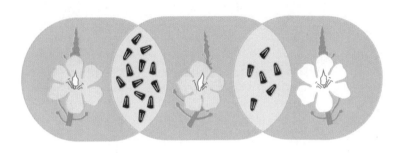

— 毛蕊花 —

当两个物种杂交时，其中一个物种有时遗传能力具备优势，以强迫杂交种像它自己这个观点显然也适用于动物，但会更复杂，由于第二性征的存在，动物的一个性别比另一个性别更容易让后代与自己相似。例如，驴比马有优势，所以骡子和驴、马比更像驴。但是这种优势在公驴身上比在母驴身上更明显，所以公驴和母马所生的马骡比母驴和公马所生的驴骡更像驴。

第九章

关于地质记录的不完善

在第六章中，我讨论了一个难点，曾经存在于地球上的中间变种的数量必然巨大，为什么在各地层中没有充满这种中间变种呢？地质学的确没有揭示出循序渐进的生物链条。这也许是对我的理论所能提出的最明显和最重要的异议。我认为，原因在于地质记录是极其不完善的。

　　观察任何两个物种时，我难免要想象到直接介于它们之间的那些生物类型，但这是一个完全错误的观点。相反，我们应该寻找物种和它们未知共祖之间的中间变种。举个例子，扇尾鸽和球胸鸽都是从原鸽进化而来的。如果我们了解了所有的中间变种，我们会发现它们和原鸽之间会有一系列非常接近的生物类型，但是不会有一些介于扇尾鸽和球胸鸽之间的变种。此外，这两个品种已经发生了很大的变化，所以我们必须通过历史和间接证据来确定它们的起源。

　　两种生物中的一种可能是从另一种进化而来的，例如从獏变成马。在这种情况下，它们之间存在过直接过渡类型。但由于生物和生物之间的竞争，子代和亲本之间的竞争，会使这种情况非常罕见。因为在所有情况里，改进的新生物类型都倾向于淘汰未改进的旧生物类型。

根据自然选择理论，每个物种都与其亲本有联系，这些亲本可能已经灭绝。这些灭绝的亲本物种与更古老的物种也有类似的联系，最终将推及每个大纲的共同祖先。这意味着，所有现存物种和灭绝物种之间都存在大量的中间和过渡类型。

查尔斯·莱尔爵士的《地质学原理》是一本关于地球历史的书，它可以帮助我们理解时间的概念。如果你没有读过这本书，或者没有看过专门关于各种地层的研究论文，那么你可能很难理解时间的概念。我们需要亲自观察地球上的地层，观察大海如何磨碎古老的岩石并形成新的沉积物，才能真正理解时间的概念。

海洋的侵蚀现象让我们可以看到时间的流逝。海浪每天只有两次会冲击岸边，时间也很短，而且只有当海浪带着细沙和石子时，才会侵蚀海岸的岩石。最终海岸岩崖的基部会因此被掏空，巨大的岩石碎块会倾倒下来，然后被侵蚀，变小，直到被海浪卷起，很快被磨成鹅卵石、沙子或泥土。如果我们沿着一条正被剥蚀的海岸岩崖走几英里，会发现目前正遭受侵蚀的悬崖只有短短的一段，或者只是位于某个隆起部位的周围。地表和植被的外貌表明，已经过去很多年没有水冲刷它们的基部。

在海蚀现象的基础上，我们可以了解到地质时间是多么漫长。几千英尺厚的砾岩床是由磨损的圆形鹅卵石形成的，每一块都带有时间的印记，都很好地表明了它是如何缓慢地积累而成的。据莱尔的评论所说，沉积层的厚度和范围是地壳在其他地方遭受剥蚀的结果。根据拉姆齐教授的数据，英国不同地区每个地层的最大厚度是根据实际测量和估计得出的，古生代层（不包括火成岩层）最大厚度为 57154 英尺，中生代地层最大厚度为 13190 英尺，第三纪地层最大厚度为 2240 英尺。这些数据表明，地质时间是非常漫长的。

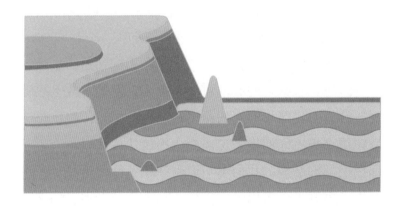

—海蚀图示—

大多数地质学家认为，在每个连续的地层之间，存在着极其漫长的空白期。因此英国高高的沉积岩仍然没有记录下完整的积累时间。想必消耗了非常漫长的时间！一些优秀的观察者估计，密西西比河每10万年沉淀的泥沙只有600英尺。这个估计不一定准确。然而，考虑到非常细的沉积物被洋流搬运到如此广阔的空间，在任何一个区域的积累过程一定都极其缓慢。

地层的剥蚀量和被剥蚀物质的积累速度，是证明时间流逝的最好证据。当岛屿被海浪冲刷成一两千英尺高的垂直悬崖时，可以感受到剥蚀的力量有多大。断层是指地层发生了断裂，在一侧隆起或另一侧陷落，高度或深度可达数千英尺。例如，克拉文断层延伸了30英里以上，地层的垂直位移可以达到600英尺到3000英尺不等。在安格利西亚，甚至有一个陷落达12000英尺的断层。这些事实让人深刻地感受到时间的无穷无尽。

威尔德地带的剥蚀是一个很有意思的话题。虽然和一些地方比起来它的剥蚀可能不算大，但是它依然很壮观。过去，北部和南部的悬崖曾经彼此相连，而且整个威尔德都被巨大的岩石覆盖着。不过，现在只剩下了北部和南部的悬崖。我们不知道剥蚀威尔德地带花了多少时间，但是可以做出一些估计。几乎所有的地层都含有坚硬的岩层结核，它们由于长期抵抗磨损，在底部形成了防波堤。因此，在一般情况下，对于500英尺高的悬崖，整体程度上每世纪剥蚀1英寸就足够了，那么威尔德的剥蚀需要306662400年，也就是3亿多年。

这些让我们对岁月流逝有了一点概念。每一年，整个世界的陆地和水里都居住着大量的生命。在漫长的岁月中，一定有无数生物代代相传，数量无法计算！现在让我们看一看最丰富的地质博物馆，那里的陈列品少得多么可怜！

古生物标本的搜集极不完善。大部分化石物种的发现和命名，都是依据单个且常常是破碎的标本。地球表面只有一小部分被地质勘探过，从欧洲每年的重要发现看来，可以说没有一处地方是被仔细发掘过的。没有一种完全柔软的生物能够被保留下来。贝壳和骨头留在海底后，如果沉积物不积聚，它们就会腐烂和消失。我们可能以为泥沙会在几乎整个海床上沉积，沉淀之迅速足以覆盖生物，将生物保存成化石，这种观点很可能完全错误。海洋的极大部分都呈亮蓝色，这说明了海水的纯净。许多记录表明，在被新的地层整个遮盖起来前，底下的地层在这段时间内没有遭受任何侵蚀，似乎只能认为海底总是长时间处于不变的状态。因此，只有少数动物的遗骸能被保存下来，例如小藤壶亚科，其个体数量无穷无尽，在世界各地都有分布。即使这些动物灭绝了，我们仍然可以从化石中了解到它们在白垩纪存在过。

但是地质记录的不完善主要还是由于另一个比上述所有原因都更为重要的原因：各地层之间有很长的间隔时期。在地面最初上升以及随后连续上下起伏的过程中，沉积物只有在广阔的区域上积累得非常厚实、坚固，才能抵抗波浪的不断作用以及随后的地表侵蚀。这样又厚又大的沉积物可由两种途径堆积而成。第一种途径是在海洋的深处堆积。深海底极少有动物栖息，所以它所包含的生物化石记录并不完善。另一种途径是在浅海底持续缓慢下沉，只要海底下沉速度和泥沙堆积速度接近平衡，这片海域就会维持浅海状态，为许多变异生物类型提供有利的环境，从而在海底上升时有可能抵抗住剧烈的侵蚀，形成具有足够厚度、富含化石的地层。我相信，差不多所有的古代地层，凡是大部分富含化石的地层，都是这样在海底沉陷期间形成的，而地质记录势必是断断续续的。

这里有一点值得顺便提一下。在海拔上升的时期，陆地和邻近的浅滩部分的面积将会增加，而且常常形成新的生物活动场所，一切环境条件有利于形成新变种和新物种。但是这种时期在地质记录上大部分是空白的。因为含化石最丰富的沉积层是在地表下沉期形成的。而地表下沉时，生物生存空间的面积和生物数量常常会下降（除了大陆的滨海区首次分裂为群岛的情况），许多生物会灭绝，新出现的物种和变种也很少，也就是说，自然的进程防止了中间类型的生物被频繁发现。

综上所述，地质记录作为一个整体来看无疑极不完善，但是，如果我们把注意力只局限在任一地层上，我们就很难理解，为何无法发现生活在该地层形成过程中的相似物种之间、逐渐过渡的变种。尽管各地层能够表示一个时间极久的过程，但与从一个物种变成另一个物种所需的时间相比，可能还显得短一些。

我们可以稳妥地推论，一切种类的海洋动物由于气候等变化，都曾有大规模的迁移。在考察世界各地较近期的沉积物时，到处都可看见少数至今依然生存的某些物种，但它们在沉积物周围密接的海中已灭绝。有些物种目前在邻近海域大量存在，但在沉积层中很少见或者根本不存在。

为了在同一地层的上层和下层形成两种生物类型之间的完美过渡，沉积物必须持续积累很长一段时间，以便有足够的时间进行缓慢的变异过程。因此，这沉积物一定极厚，并且进行变异的物种一定在整个时期生活在同一区域中。但是，一个很厚且全部含有化石的地层，只有在下沉期间才能够堆积起来，并且沉积物的供给必须与下沉幅度接近平衡。事实上，这两者之间近乎精确的平衡，可能是一种罕见的偶然性。不止一位古生物学家观察到，比较厚的沉积层除了在上下两端的范围附近，其他部分通常没有生物遗迹。

各个单独的地层，也和所有地方的整个地层相似，堆积过程一般也是断断续续的。我们常常看到一个地层由矿物质成分差异很大的岩床组成，对此我们有理由怀疑其沉积过程出现过一定程度的中断，因为通常需要很长时间的地理变化，才能造成洋流的变化和不同性质沉积物的供应。因此，如果一个地层的下、中、上部都出现了同一个物种，它们并不一定在整个沉积时期都在同一地点生活，也可能在同一地质时期多次消失和重新出现。

关于繁殖快而很少迁移的动植物，就像前面已经看到的那样，我们有理由推断，它们的变种最初一般是地方性的。而且，这些本地变种获得较大改变和完善以后，才会传播到更大范围，并取代其祖先类型。根据这种观点，在任何地方的一个地层中，很难发现任意两个类型之间的一切早期中间类型，因为连续的变化常常是局限于某一地点。因此，我们在任何一个地层中追踪过渡形态的机会又大大减少了。

我们现在所知道的是，即使在现代，也很难通过中间变种来证明两个生物是同一个物种，除非我们有足够的标本。对于化石物种来说，更难以证明。举个例子，我们现在很难确定牛、羊、马和狗的各个品种是否来自同一个原始祖先。同样地，在北美洲海岸，有些海贝被列为独立物种，而另一些则被列为变种，这让我们难以确定它们究竟如何分类。我们需要大量中间化石来证明这些生物是同一物种，但这在实践中很难做到。我们可能需要更多的化石来判断这些问题，但这很难实现。

地质学研究虽然为现存或已灭绝的属补充了很多物

种，缩小了一些类群之间的间隔，但是并没能发现无数的中间变种，从而连接起一些物种，打破它们之间的界限。我们来看一个例子：马来群岛的面积大致相当于欧洲的面积，现状是众多的大岛被宽阔的浅海隔开，大多数地层正在堆积。作为生物最丰富的地方之一，如果把曾经生活在那里的所有物种都收集起来，也只能代表很小一部分世界自然史。

即使在马来群岛，只有一些陆栖生物以非常不完备的方式被保存在堆积的地层中，而真正的海岸动物或生活在海底岩石上的动物也很少有被保存下来的机会。正如前文所言，生物只有在下沉期形成的化石地层中才能被保存。这些下沉期之间有很长的间隔期，其间，在海底沉积物积累速度较慢，不足以保护生物体腐败的地方，生物遗迹也不会得到保存。而在下沉期间，很多生物可能会灭绝。在上升期间，也许会有很多生物变异，但那时的地质记录是最不完善的。

我们可能会想，马来群岛在历史上是否经历过长时间的下沉期，以及沉积物堆积的时期是否会超过同一种类的平均存续期。这样偶然的事，对于保留任意两个或两个以上物种之间所有中间类型来说是不可或缺的。如果这些渐变中间类型没有得到完整保存，那么保存下来的中间类型就会被认为是新物种。此外，下沉期会被升降震荡打断，生物会因气候变化迁徙，这些都会导致任何一个地层中都无法保留变异的连续记录。

根据我的理论，这些类型将把同一物种中所有过去和现在的生物连成一条长长的链条。但在现实中，人们对我的理论提出异议，主要是因为他们认为在地层中找到这么多中间类型是不可能的。然而，我们始终太高估地质记录的完整性。

有些人用某些相似物种在某一地层中的突然出现来反对物种能够变异的理论。他们认为如果同一属或科的许多物种同时开始形成生命，那么自然选择理论就是错误的。因为按照自然选择，任何从某一个祖先传下来的一群类型的发展，一定是一个特别缓慢的过程。我们未曾在地层中看到那些物种，就错误地认为它们从未存在过。我们常常忘记，与经过仔细调查的地层的面积相比，整个世界是多么巨大。我们也没有适当地考虑到连续地层之间经历的间隔时间。在这些间隔时期内，某个原始物种可能会产生新物种，这些群体或物种会出现在随后的地层中，就像突然被创造出来一样。

这里我要重提之前说过的一句话，一种生物适应某种特别的新生活方式，例如在空中飞翔，大概需要很长久的时间。但是，一旦成功适应，少数物种因此获得了相对其他生物的巨大优势，在相对较短的时间内就会产生许多不同的形式，这些生物类型将能够迅速而广泛地传播到世界各地。

现在我将举几个例子来说明这些观点，并且说明我们多么容易误认为整群物种是突然产生的。在几年前出版的地质学论文中，都说哺乳动物是在第三纪开头才忽然出现的。现在我们发现哺乳动物化石最丰富的沉积层属于第二纪中期，而且有人在第二纪初期的新红砂岩中发现了货真价实的哺乳动物。居维叶过去常常主张，在任何第三纪地层中都没有猴子。但是，目前在印度、南美洲和欧洲，已于更古老的第三纪中新世层中发现了它的灭绝种。不过，最引人注目的是鲸科的情况。由于这些动物都有巨大的骨头，且是海洋动物，分布在世界各地，但第二纪地层没有发现一根鲸骨。这一事实似乎充分证明，这种庞大而独特的生物是在最近的第二纪地层和最早的第三纪地层之间突然产生的。不过，现在我们可以从1858年出版的莱尔《手册》的补编中看到，在第二纪地层结束以前的一段时间里，鲸在上层海绿石砂中存在的明证。

关于整群物种的突然出现，被古生物学者常常提到的例子就是硬骨鱼类，出现在白垩纪后期。如果硬骨鱼真的是在白垩纪开始阶段突然出现在北半球的，这一现象当然非常值得注意，但除非有人能证明该物种是同一时期突然出现在世界各地，并且事实是赤道以南本来就没有发现过任何化石鱼类。而欧洲的几个地层也只发现过很少的物种。同时我们也无权假定世界上的海像今天一样，从南到北总是自由开放的。根据上述事实，还有我们在地质学上对欧美以外地区的无知，我觉得对全世界生物类型的演替下任何武断的定论都是非常轻率的，就像一个博物学家在澳大利亚某个贫瘠的地方停留五分钟，就立刻讨论那里的生物数量和分布范围一样轻率。

— 鱼骨化石 —

大多数的讨论使我相信，同群的所有现存物种都是从一个单一的祖先演变而来，最早的既知物种应该也是这样。志留纪的一些最古老的动物，如鹦鹉螺和海豆芽与现存的种类没有太大的区别。根据我的理论，如果这些古老的物种是其后出现的同群所有物种的原始祖先，肯定也早就被大量的改进后代淘汰、消灭了。

因此，在志留纪最下层地层形成之前，生命已经经过了很长一段时间，这段时间和从志留纪到今天的整个时期一样长，或者可能比这段时间还要长得多。在这段漫长而未知的时期里，世界上充满了生物。

为什么我们找不到那个时期的化石记录呢？一些科学家认为我们在志留纪最下层看到的生物遗骸是地球上生命的最早记录。不要忘了，我们确切了解的地层只占地球总面积的一小部分。因此还有许多未知的地方，可能会有更早的生命形式存在。最近一些地质学家发现了在志留纪之前更早的地层，并发现了一些新物种。但是，为什么早期的化石记录都消失了呢？这是一个谜。

我把自然地质记录看作是一部保存不完美、用一种不断变化的方言写成的世界史。在这段历史中，我们仅拥有最后一卷，只涉及两三个地区。在这一卷中，又只是这里或那里保留了一个短章，每页仅有寥寥几行。这本书的语言在缓慢地变化，其中每个词语在前后两章都存在一定的差异，这些词语代表相邻地层中前后相续但又相隔甚远的生物，让我们误认为它们是突然出现的。

第十章

生物的地质演替

在地质演替的观测中发现，无论在陆地还是水中，新物种都缓慢地陆续出现。在第三纪的若干阶段里可以找到这方面的证据。每年都可能有新的发现，填补物种间的空白，使得构成趋于渐进。在某些地层里，只有一两个物种是灭绝的，并且也只有一两个物种是新出现的。变化是接连不断的，而且是渐进的，埋藏在各层里的许多灭绝物种都不是同时出现和消失的。

动物的变化速度不是固定的。有些动物在很长时间里都没有什么变化，但有些动物的变化则很快。在古代的地层中，有些灭绝的动物中还可以找到少数现存的动物。比如，在喜马拉雅山下的岩石中，就有一种现存的鳄鱼跟一些消失了的哺乳动物和爬行动物在一起。陆地上的动物变化比海洋中的动物快，这可能是因为陆地上的环境更复杂。在地球上的不同地方，地位较高的生物的变化速度比地位较低的生物更快，但这个规律也有例外。不同地层之间的动物变化程度并不相同，但如果我们只比较相邻的地层，就可以发现所有的动物都有过一些变化。当一个物种一旦从地球表面消失，我们有理由相信，同样的类型永远不会再出现。不过，也有一些例外，就是"殖民物种"，它们会在早期的地层中间存在一段时间，然后在某个时期重新出现。这些生物也可能是从另一个地区迁移过来的。

这些事实和理论都和我的想法很一致。我相信在一个地区中，生物并不会按照同样的速率或程度改变。每个物种的变化都是独立的。这些变化是否被自然选择利用，或者是否在不同的物种中积累，都取决于很多复杂且偶然的因素。这些因素包括变异是否具备有益的特性、杂交的能力、繁殖的速度、地域缓慢变化的物理条件，尤其是其他物种的特性、不同物种参与的竞争。地理分布也会对物种的变化产生影响，例如马德拉岛的陆生贝壳和鞘翅类昆虫已经和它们在欧洲大陆上的近亲不同了很多，但海洋中的贝壳和鸟类的变化不大。我们也许可以理解陆地和高等生物的变化速度要比海洋和低等生物的速度快，因为它们面对的生存环境更加复杂。当一个地区的很多物种都发生了变异和改进，我们可以根据竞争原则和生物之间的相互关系，明白那些没有变异和改进的物种很可能会灭绝。所以，如果我们观察足够长的时间，就会明白为什么同一个地方的物种最终都会发生变异。

在地质演化中，同属于同一组的动物们可能会在相同的时间里有着大致相同的变化程度。然而，地层的积累是一个非常漫长的过程，需要大量的泥沙和沉积物。因此，我们所观察到的化石的变化量是在长时间内积累而成的，且有所间隔。换句话说，任何地层只是演化历程中的某个时刻而已。

为什么一个物种在地球表面消失了，就不会再出现，即使生存条件完全一样也不行。因为尽管一个物种的后代可能会适应并且占据另一物种的生态位（毫无疑问，这种情况发生过无数次），将另一物种排挤掉。可是旧的类型和新的类型不会完全相同，因为二者几乎一定都从它们各自不同的祖先身上遗传了不同的性状。举个例子，如果所有的扇尾鸽都消失了，养鸽者也许会试图通过培育新的品种来取代它们。但如果原来的原鸽也绝迹了，很难想象人类可以根据任何其他鸽子，培育出与当今物种相同的扇尾鸽，因为二者所经历的变异过程几乎一定会存在差异，而且新形成的变种很可能会继承祖先的一些不同的性状。

物种群，即属和科，它们的出现和灭绝遵循着与单个物种相同的规则，变化有缓急，程度也有大小。一个群体在灭绝后就不会再出现，这就是说，它无论存续多久，存续时期都是不间断的。例如，从最早的志留纪地层一直到今日，依次出现在所有地质时期的海豆芽属的各个物种，一定是一代代传下来的，没有间断过。

我们在上一章中看到，一个群体的物种有时被误以为是突然出现的。但这种的确是个例。一般规律是物种群逐渐增加数量，一旦增加到极大值，又迟早要逐渐减少。如果一个属的种的数量，或一个科的属的数量，用粗细不同的垂直线向上延伸，穿过物种所在的连续地层，那么这条线的最低点有时并不是很尖锐，而是一开始就非常粗，竖线向上延伸时会逐渐变粗，在一段距离内常常保持相同的粗细程度，最终在上层岩床逐渐变细直至消失，标志着该物种的减少和最终灭绝。同一科的属，同一属的种，只能缓慢而渐进地增加。一个物种首先产生两到三个变种，这些变种缓慢地转化为物种，这些物种反过来以同样缓慢的步骤产生其他物种，如此类推，就如一棵大树从一个树干开始开枝散叶一样，直到变成庞大的群体。

我们之前说到过，物种和物种群的消失和新的改进生物类型的产生是有关联的。以前人们认为，地球上所有物种都会因大灾难而灭绝，但这个观点现在已经被大多数科学家放弃了。相反，我们有足够的证据表明，物种和物种群是一个接一个地逐渐灭绝的。它们可能先在一个地方灭绝，然后在另一个地方灭绝，最终从世界上消失。但是，不同的物种或物种群的存续时间可能差异很大，有些可以存活很久，有些却很短。通常，整个物种群的灭绝比产生要慢。但是有些时候，整个物种群的灭绝会突然发生，比如在接近中生代末期的菊石灭绝事件。

　　物种的灭绝是个谜，就像个体有寿命一样，以前人们认为物种也有存续期。但我们在拉普拉塔的乳齿象、大懒兽、箭齿兽等已经灭绝的动物的遗骸中，发现了一颗马的牙齿，后来欧文教授发现，这颗牙齿属于一个已经灭绝的马的物种，这让人很惊讶。因为现在的马在南美洲繁殖得很快，如果之前的马也在那么有利的环境中生存，为什么会灭绝呢？假设这种灭绝的马还存在，根据其他动物的繁殖率和人类驯化马的历史，它在更有利的环境下会迅速增加。我们很难察觉到是哪些不利条件抑制了它的增长，也不知道这些条件会在什么时候影响它。这种马最终还是会灭绝，被更适应生存的竞争者取代。

— 乳齿象、大懒兽、箭齿兽遗骸 —

我们有时会忘记，每个生命都面临着无形的威胁，这些威胁可能导致物种稀缺并最终消失。在最近的地质时期中，我们已经看到了很多物种逐渐稀缺然后消失的例子。有些动物的灭绝是由人类活动引起的。

　　自然选择理论认为，新物种的产生是因为它们比竞争者更优秀，可以更好地生存和繁殖，最终取代了旧物种。因此，不太适应环境的物种很可能会灭绝。同样的情况也发生在我们人工培育的生物中。如果我们培育出一种稍微改良的新品种，它会先取代本地改良程度较低的品种。等到它得到了更多改良，就会被带到其他地区，取代那里的品种。所以，新物种的出现和旧物种的消失是紧密联系的。虽然某些物种在一段时间内可能会产生很多新物种，但在最近的地质时期中，物种数量并没有一直增加，新出现的生物类型与灭绝的旧有生物类型数量大致相等。

　　自然选择理论告诉我们，物种的灭绝是一件常见的事情。我们不应该感到惊讶，相反，我们应该感到惊讶的是我们自以为是的想法。我们以为我们已经完全理解了每个物种生存的因素，但实际上，还有很多我们不知道的抑制因素影响着生物的数量。只有当我们能够理解每个物种为什么能够生存，为什么能够适应环境时，我们才能够真正理解自然界。

　　全世界生物的同时变化——几乎没有什么古生物学

的发现比这一事实更令人震惊了。世界各地的生物几乎同时变化。例如在世界上许多遥远的地方，例如北美、南美赤道地区、火地岛、好望角和印度半岛，虽然气候条件不同，但某些岩层的生物遗骸与白垩生物遗骸呈现了明显的相似之处。我们见到的并不见得是同一物种，但它们属于同科、同属和亚属，有时连表面纹路这种微不足道的地方都具有相似的特点。这些相似之处让我们对生物的演化和变化有了更深入的了解。

当我们说全世界生物的形态同时发生变化，这种说法并不是指在同一个千年，或同一个十万年内发生的。如果将现存于欧洲的，和过去在更新世（假设用年代来计算，这是一个包括整个冰川期的很久远的时期）生存于欧洲的所有海洋动物，与今日生存于南美洲或大洋洲的海洋动物相比较，即使是最有学识的博物学者，大概也很难指出目前的欧洲动物和更新世的欧洲动物，哪个与南半球的海洋动物关系更近。尽管如此，在非常遥远的未来，人们显然会认为，欧洲、南北美洲、澳大利亚所有距今较近的海洋性地层（即上层的上新世、更新世和现在的岩床）处于同一地质时期。这是由于它们含有非常类似的化石遗骸，而且它们不含有只见于较古老下层沉积层中的那些类型，因此在地质学的意义上可以被列为是同时代的。

生物类型在世界上相隔甚远的地方同时发生变化的

现象，曾使德维尔纳伊和达阿奇克这两位令人钦佩的观察者大为震惊，他们补充说："显然，所有这些物种的变化、灭绝和新物种的出现，不能完全归结为洋流变化或其他暂时的局部性因素，它们取决于整个动物界的某种普遍规律。"巴兰德先生也说过同样的话，要解释世界各地在各种不同气候下生物发生巨大变化，我们必须依靠某种特殊的规律。

自然选择理论正是可以解释全世界生物类型平行演替这一重大事实的规律，即新物种是由新的变种产生的，它们具有更大程度的优势，比旧的变种更加适应环境。那些占主导地位或比其他类型具有某种优势的类型必须拥有更大程度的优势才能存续，所以会产生新变种或新物种。这种演替过程可能比较缓慢，但长期来看，占主导地位的生物类型通常会成功传播。陆地生物的扩散也许要比相连的海洋中的海栖生物来得缓慢些，因此陆地生物演替中的平行现象程度不如海栖生物那样密切。

当某个地区的优势物种传播到其他地区时，可能遇到更有优势的物种，那么它们的胜利道路乃至生存就会止步。我们无法精确了解新优势物种繁殖的全部有利条件是什么，但是，我们可以清楚地看到，许多个体因有更好的机会而发生有利的变异，所以在与其他生物的竞争中更具优势。而且，隔很长时间进行一定程度的隔离可能也是有利的。世界上一些地区可能更有利于陆地上的新物种产生，而另一些地区则更有利于海洋中的新物种产生。如果两个地区长期保持同等有利的环境，当它们的生物相遇时，会发生惨烈的战斗，但最终优势最大的物种会胜利并扩张其领地。因为这些新物种具有遗传优势和优越性，所以它们将进一步分布、变异和产生新类型。而那些被新生物打败、失去生存空间的旧物种通常是关系很近的群体，共同继承了某种缺陷。当新的物种群分布于全世界时，旧的物种群将从世界上消失。

有时候我们会从不同的地层中找到相同类型的生物，这似乎表明它们生活在同一时期。但是，我们并不能确定这是否总是正确的。在一些情况下，是因为在某些地区，沉积物的堆积速度可能很慢，导致长时间的空白间隔期。在这段时间里，生物可能已经发生了许多变化和灭绝，并且有很多物种从其他地方迁移过来。因此当两个地层在相近而非完全相同的时期内沉积在两个地区，我们应该在两者中发现生物通常有相同的演替，但物种并不完全对应。因为对于变异、灭绝和迁移，某一地区会比另一地区有稍多的时间。

现在，让我们一起来了解一下已经灭绝的动物和现存动物之间的亲缘关系。根据传承的原理，它们都属于一个大的自然系统。越古老的动物和现存动物之间的差异会越大，但是，根据巴克兰的研究，已经灭绝的动物也可以被归类到至今还生存的动物群里，或者分类在这些群之间。灭绝的动物有助于填补现存动物之间的空隙。

遗传与变异的理论可以很好地解释已灭绝的物种和现存物种之间的相互亲缘关系。在自然分类中，很多化石物种的确处于现存物种中间。因为一个物种的后代性状会分歧，这样它们就有可能占据自然系统中的许多不同位置。一般来说，现存物种的一般性状将介于该时期以前与以后的动物之间。但有时一种非常古老的生物类型存活的时间，可能比后来某个时期产生的生物类型长得多，栖息在隔离区域内的陆地生物尤其如此。如果将家鸽主要的现存族和灭绝族按照亲缘关系加以排列，这种排列大概不会与其产生的顺序极为一致，并且与其灭绝的顺序更不一致。因为它们的祖先岩鸽目前仍然存在，而岩鸽和信鸽之间的许多变种都灭绝了，而且信鸽的喙很长，而晚于信鸽出现的短嘴翻飞鸽在这一性状上处于一系列渐变形式的另一端。

关于古代和现代生物类型的讨论存在很多争议，博物学家们还没有一个统一的定义，可以确定哪些是高级类型和低级类型。但是，根据我的理论，现代的生物类型比古代的更高级，因为每个新物种的形成都是由于在生存斗争中比其他和先前的类型更具有优势。如果让第三纪时期的动植物在几乎相同的气候条件下与现代的物种竞争，它们很可能会被打败并灭绝。这个进步过程可以比喻为不同时期的动物之间的斗争，例如古生代的动物会被中生代的动物打败而灭绝，中生代的动物又会被第三纪的动物打败而灭绝。

这种进步可以影响那些更新且胜利的生命类型，但我们无法检验这种进步。例如，甲壳类动物虽然不是最高级的动物，但可以打败最高级的软体动物。近年来，欧洲的生物大肆扩张到新西兰，夺取了本土生物的位置，而如果英国的动植物放生到新西兰，它们可能会归化并消灭许多本地物种。相反，如果新西兰的生物放生到英国，我们很难确定是否会成功夺取英国动植物占据的位置。因此，我们可以说英国的物种比新西兰的更高级，但博物学家们也不能准确预测这种结果。

一些科学家坚持认为，古代动物在某种程度上类似于同类近代动物的胚胎。我认为这种理论还远远没有得到证明。但我满心希望日后能够被证实，因为这一理论很符合自然选择理论。在下面的章节中，我将试图说明成体和胚胎的差异是由于生物的变异并不是在年幼时发生的，而且这些变异遗传给了相应龄期的后代。这一过程不会改变胚胎，但会让一代一代的成熟个体与初始生物类型的差异越来越大。

所以胚胎就成了一幅被大自然保存下来的图画，记录着每个物种过去未曾大肆变化过的状态。这种观点可能是正确的，但它可能永远无法得到充分的证明。例如，已知的最古老的哺乳类、爬行类与鱼类都严格地隶属于它们的本纲，但大概不可能找到具有脊椎动物共同胚胎特性的动物，除非是在志留纪地层以下深处富含化石的岩床，但这种发现的可能性很小。

同一地区的同一类生物长期演替是一个很有意思的现象，遗传变异理论可以很容易解释这个现象。这是因为生物的后代通常会与其父母非常相似，但也会有一定程度的变异。这些变异可以在同一地区中不断积累，导致同一种生物的不同类型长期存在。比如说，从澳大利亚洞穴中发现的化石与现存的有袋动物密切相关，南美洲也有类似的情况。这些发现告诉我们，生物的分布与物理条件密切相关。但是，我们也不能认为生物只能在某一个地区产生，因为历史上动物的分布规则与现在是不同的。随着时间的推移和地理变化，不同物种会相互迁移，弱者会屈服于更强的类型，所以生物的分布并不是固定不变的。

地球上有很多生物，但只有很少一部分被保存下来成为化石，这是因为地质记录非常不完整。即使只与一个地层中生存过的生物世代相比，保存在博物馆中的标本和物种数量少得微不足道。因为首先地表只有在下沉时才能积累富含化石的沉积层，所以大部分连续地层之间都有漫长的间隔期。其次各个地层的持续时间也比物种类型的平均寿命短，因此很难完整记录地层所属时期的物种。迁移对新物种的初次出现在地域内和地层中也很重要。分布广的物种变异也是最频繁的，但其产生的新物种起初通常只是地方性的，被记录的概率很低。因此，所有这些原因加起来，我们可能无法找到所有连接已灭绝和现存生物类型的中间变种，地质记录倾向于非常不完整。

如果有人不接受关于地质记录性质的观点，那么他就无法理解整个遗传变异理论。我们知道，地球上只有一小部分经过了细密的地质学调查，也只有某些纲的生物以化石形式大量保存了下来。地质记录的极其不完善，使我们无法将所有已灭绝的生物类型和现存生物类型用最细微的中间类型连接起来。但是，其他古生物学的主要关键实例都和自然选择的遗传变异理论相符，这可以解释新物种如何缓慢而接连地出现，为什么不同纲的物种不一定同时、同速度、以相同程度变化。从长远来看，所有生物毕竟都发生了某种程度的变异。旧类型的灭绝几乎是新类型产生的必然结果，而较大优势群体的优势物种往往会留下许多改进的后代，从而形成新的亚群体和群体。整个物种群的完全灭绝有时非常缓慢，因为少数后代可能会在没有危险的隔离地区存活下来。一个群体一旦完全消失，就再也不会出现了，因为它们的代际链条断了。

我们知道，生物越广泛分布，越能产生变异的后代，这些后代通常能够战胜那些适应力较差的物种，因此随着时间的推移，地球上的生物看起来就好像同时发生了变化。我们能够理解为什么已经灭绝和现存的生物只形成了少数几个大的类型。越古老的生物类型越不同于现存类型，但灭绝的类型常常将现存物种之间的差距填补起来。我们也能够理解为什么连续地层内的生物遗骸非常相似，因为它们是相互紧密联系在一起的。

历史上的生物从整体上看是进步的，它们在生存竞争中击败了它们的祖先，并在等级上相应地提高了。因此，古生物学家相信生物是进步的。我们可以发现，灭绝的古代动物与现代动物的胚胎在某种程度上相似。这个事实可以通过遗传原理来解释。同样，通过遗传原理，我们也能够理解为什么在同一地域内的生物构造在晚近的地质时期内发生了演替。如果我们认为地质记录不是完整的，或者至少无法证明它是完整的，那么自然选择理论的主要反对意见就会减少，甚至可能消失。根据古生物学的主要法则，物种是通过普通的繁殖产生的，旧的生物被改善的新生物类型取代，这是自然选择所带来的变异法则，并且已经通过自然选择保存了下来。

第十一章

地理分布

当我们考虑生物在地球表面的分布时，我们会发现一个令人震惊的事实：不同地区生物的相似性和相异性，不完全由气候和其他自然条件解释。这个结论已被很多研究者证实。在南半球，如果我们比较南纬25°到35°之间的澳大利亚、南非和南美洲西部的大片土地，可以看出一些地方在一切条件上都极端相似。然而，我们不可能找到比这三个大陆上的动物群和植物群差异更大的生物群体了。或者，我们也可以比较一下南美洲的南纬35°以南、25°以北的生物。它们间隔十个纬度的空间，处于差异很大的自然条件下，但同相似气候条件下澳大利亚或非洲的生物相比，这些南美洲生物相互之间的关系要近得多。关于海洋生物也可举出类似的例子。

在我们的总体印象中，留下深刻印象的第二个重要事实是，阻碍自由迁移的障碍物，对各处地区生物的差异都有重要影响。我们几乎可以从所有陆地生物的巨大差异中看到这一点。同一纬度下的澳大利亚、非洲和南美洲居民之间的巨大差异，让我们看到了这一事实。这些国家之间几乎完全隔离。而在每个大洲，我们也看到了同样的事实。在高耸连绵的山脉对面，在大沙漠对面，有时甚至在大河对面，我们会发现不同的物种。虽然山脉和沙漠等不像海洋分割大陆那样不可逾越，也不像海洋分割大陆那样存在得那么久，因此这些屏障所导致的生物差异在程度上不及不同大陆上典型生物间的差异。

把目光转向海洋，我们发现同样的规律。一方面没有两种海洋动物群之间，会比南美洲和中美洲东西海岸的动物群更不同。几乎没有一种鱼、贝壳或螃蟹有共同之处。然而，这些巨大的动物群之间只隔着巴拿马地峡这条狭窄而不可逾越的通道。

另一方面，从太平洋热带地区的东部岛继续向西前进，我们没有遇到不可逾越的屏障，有无数的岛作为中途停留的地方，直到穿越一个半球，来到非洲海岸。在这片广阔的空间里，我们看不到明确而独特的海洋动物群。有许多鱼类从太平洋分布到印度洋，而且在几乎完全相反的子午线上的太平洋东部群岛和非洲东部海岸，还有许多共同的贝类。

第三个事实已经部分隐含在上述观点中了，虽然不同地点和不同位置的物种本身是不同的，但同一片大陆或同一片海域的生物具有相似性。这是一条广泛而普遍的定律，每个大陆都有无数这样的例子。譬如一位博物学家从北到南一路考察，他总会惊讶于亲缘密切而物种不同的连续生物群体的逐次更替，会听到非常近似而种类不同的鸟唱着近似的调子，会看到它们的巢构造相似却不同，鸟蛋颜色也几乎相同。

如果我们观察一下美洲海岸附近的岛，不管它们的地质结构有多么不同，岛上物种多么奇特，但基本上都是美洲类型。我们可以看到同一地区的陆生生物和水生生物存在某种穿越时空的深层次的联系，而这种联系与自然环境无关。根据我的理论，这种联系就是遗传。

我并不认为有一种必然的发展规律。每个物种的变异是独立的，只有在生存竞争中表现优异的个体才会被自然选择采用。不同物种的变异程度是不同的。如果一些物种在原有领地上经历了长期的斗争，然后整体迁移到一个新的地区，随后这个地区被隔离起来，那么它们不太容易发生变化。只有生物相互间发生新的关系，并且与周围的物理条件发生新的联系时，变异规律才起作用。一些生物类型从很久以前就保持了相同的性状，所以某些物种在广大的空间内迁移时，不会发生大的变化，甚至完全不发生变化。因此同属的若干物种虽然栖息在世界上相距极远的地方，但都可能是从同一个地域的同一个祖先遗传而来。

这样，我们就遇到了一个博物学家已经讨论过很多次的问题，即物种是在地球表面的一个点还是多个点上产生的。人们普遍承认，在大多数情况下，一个物种居住的区域是相连的。当一种植物或动物栖息在相距很远的两处地方，或者栖息在中间隔着难以逾越的屏障的两处地方时，那么这种事情就是值得关注的例外了。陆地哺乳动物的跨海迁移能力显然比其他任何有机生物都要差。因此，我们还没有发现相同的哺乳动物生活在世界不同地点这类无法解释的例子。我相信答案是：哺乳动物无法迁移，而一些植物，由于它们各种各样的传播手段，已经跨越了广阔而断开的中间地带。

许多学者都认为，每个物种最初都在一个单一的地区产生。在过去的地质时期，气候和地理条件的变化可能会导致物种分布范围的不连续性。我们只需考虑生物分布范围不连续的例外情况是否足够多，性质足够严重，就足以让我们放弃这一观点。在作了一些初步说明之后，我要讨论几类最引人注目的例子。一是同一物种生活在相距很远的山脉顶峰，二是淡水生物的广泛分布（下一章讨论），三是相同的陆生物种存在于岛和与之最邻近的大陆上，尽管二者之间可能相隔几百英里的开阔海域。如果这些情况都可以通过"物种都是从一个出生地迁移过来的"进行解释。那么，我觉得每种生物发源于同一地点的观点是最可靠的。

我们需要考虑同属若干物种是不是从一个共同的祖先迁移出去的，而且在迁移的过程中发生了变异。如果我们可以证明这一点，那么我们的观点就得到了支持。例如，在离大陆几百英里远的地方形成了一个火山岛，可能会有一些动植物迁入，这些移民的后代会发生变异，但仍然与之前迁出区域的后代有遗传关系。这种现象是很常见的，但独立创造理论无法解释这些现象。我们与华莱士先生的观点非常相似，他认为每个物种的出现都与一个已经存在的密切相关的物种相一致，这一致性归因于遗传。

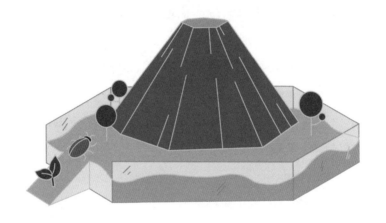

— 迁移到火山岛的变化 —

我们之前讨论过"创造的单一中心"的理论，但还有一个问题需要考虑：同一物种的所有个体是由一对父母或者单一个体遗传而来的，还是像一些学者说的那样，是由许多同时创造出来的个体遗传而来的呢？我认为，许多个体会同时发生变化，每一阶段物种的总体变化程度并非来自一个亲本个体的遗传。举一个实例来说明我的意思：英国赛马与其他品种的马略有不同。但是，它们的差异和优越性并不来自任何一对单独的后代，而是由于认真地选择与训练了每一代中的很多个体。

我在上面选出了三类例子，是"创造的单一中心"理论最难解释的现象。在讨论它们之前，我先简单讨论一下生物的传播方式。

莱尔爵士和其他作家精辟地论述了这个问题。在这里，我只能简短概括一下重要的事实。气候变化一定对移民产生了强大的影响：一个地区现在由于气候条件无法让某些物种迁移通过，但在过去，气候不同的时候那里可能是生物迁移的畅通大道。陆地高度的变化肯定也有很大的影响：一条狭窄的地峡现在分隔了两个海洋动物群。如果这条地峡在水中沉没了，或者从前曾经沉没过，那么，这两种动物群便会混合在一起，或者从前已经混合过了。我相信，在产生珊瑚的海里就有这种下沉的岛，现今上面长满了珊瑚礁。未来某一天，人们将会完全相信，每个物种都是从单一发源地扩散开的，而且我们会对生物的传播方式获得一些确定性的知识，那时我们将能够准确预测陆地过去的范围。

现在必须稍微讨论一下所谓的"意外的传播方式"，更合理的说法应该是"偶然的传播方式"。这里单说植物。植物学著作常说这种或那种植物不适合广泛传播，但是却几乎完全不了解通过海洋的传播难易程度。在伯克利先生的帮助下，我做了几次实验，直到那时，我才知道种子能在多大程度上抵抗海水的侵害。令我惊讶的是，在87种植物中，有64种在海水中浸泡28天后还能发芽，少数在浸泡137天后还能存活。根据实验数据，我们可以推断出任何地方大约有14%的植物种子可以通过海流漂浮到其他地方，并且仍然具有生长能力。如果这些种子能够被吹到适合生长的地方，它们就会生长。

有时种子会以奇特的方式传播。有些种子会被漂流木带到遥远的岛屿上。在太平洋上的珊瑚岛，岛民从漂流木的树根中获取石头用来制作珍贵的皇家税品。有时，这些树根里会夹带一些泥土，泥土中也带有种子。有一次，我从一棵五十年的橡树上取下了一小块泥土，里面竟然长出了三株植物，这让我感到非常惊奇。此外，漂浮在海上的鸟的尸体，有时不会即刻葬身鱼腹，这些死鸟的嗉囊中可能含有很多种子。即使这些种子在海水中浸泡了很长时间，有些也还能保持生命力。例如，豌豆和野豌豆在海水中浸泡几天就会死亡，但有些在人造海水中漂浮了30天的鸽子嗉囊中的豌豆和野豌豆却能够发芽。这些观察结果令人非常吃惊。

对于运输种子而言，鸟类是非常有效的媒介。有些鸟在大风中飞行时，可以飞行很远的距离，速度大约是每小时35英里，甚至更快。虽然鸟的肠道中不会传递营养丰富的种子，但是坚硬的果实种子可以通过它们的消化系统而不被损坏。科学家在花园中发现了一些鸟粪便中的种子，有些种子看起来完好无损，而且在实验中有些甚至发芽了。当鸟吃饱后，谷物可以停留在嗉囊中12到18个小时。有趣的是，鸟的嗉囊并不分泌胃液，所以种子不会受到伤害。鸟被捕食后，种子可能会被其他动物吞食，例如淡水鱼类。这些种子可能会通过这些动物的粪便传播到其他地区，有些种子仍然能发芽。

虽然鸟类的喙和脚通常很干净，但我可以证明它们有时候也沾有泥土。有一次，我从一只鹬鸪的一只脚上挖出了22粒干燥的泥土，在这些土里有一颗和野豌豆种子一样大的鹅卵石。因此，种子可能偶尔会被运到很远的地方。有许多事实可以证明，几乎每个地方的土壤都充满了种子。想一想，每年有数百万只西鹌鹑穿越地中海，难道我们不能怀疑沾在它们脚上的泥土中有时会有几粒种子吗？

众所周知，冰山有时会负载着石头，甚至还会携带灌木丛、骨头和陆地鸟类的巢穴，所以不必怀疑，它们一定会偶然地把种子从北极和南极地区的一个地方运到另一个地方，而且在冰川期，从现在的温带一地把种子输送到另一地。亚速尔群岛上有很多与欧洲大陆相同的植物，这些植物可能是冰山带来的。

植物能够通过多种方式传播，包括风、鸟类、海流等。这些传播方式已经存在了很长时间，并且使得植物可以跨越海洋、岛屿等迁移。但是最近几个世纪，英国这种物种丰富的岛并没有因为偶然的传播方式迎来欧洲或任何其他大陆的移民。我毫不怀疑，二十种种子或动物被运到一个岛上，即使这个岛的生物不如英国那么丰富，也很少能有一种物种真的适应它的新家，从而归化。但是，在岛通过抬升作用逐渐形成的漫长地质时期里，在生物种类还没有达到饱和时，植物完全有可能通过各种传播方式在岛上定居。在几乎不生草木、很少有食草昆虫和鸟类生活的土地上，几乎每一颗有机会到达这里的种子只要适应气候条件，都会发芽开花，在这里扎根。

在被数百英里低地隔开的山顶上，有很多相同的植物与动物，这个事例就十分引人注目，因为彼此间又没有明显的相互迁移的可能。在欧洲的一些山脉和北极地区，我们能看到这种现象，非常引人注目。但更有趣的是，美国怀特山脉上的植物与加拿大拉布拉多的植物完全相同。如果不是我们留意到过去的气候变化，这些事实会让人忍不住怀疑，同一物种一定是在几个不同的时间点上独立形成的。我们有很多证据可以证明，在离我们很近的地质时期，欧洲和北美都处于极寒的气候下。就像房子被烧毁后会留下废墟，这些废墟无声地述说着它们的遭遇。苏格兰与威尔士的山岳用它们山腰的划痕、表面的磨光与留在高处的漂石，说明了那里的山谷以前曾经充满了冰川。欧洲经历过的气候变迁实在太过剧烈，意大利北部冰川留下的巨大冰碛石表面，现在已经长满了葡萄藤和玉米。

— 冰川极地生物 —

据福布斯解释，过去的冰川气候对欧洲和北美的动植物分布造成了很大影响。当寒冷到来时，北方动植物会向南迁移，占据温带生物的地位，南方生物则会往南移，直到遇到阻碍为止。高山物种也会来到平原上。当寒冷达到顶峰时，极地动物和植物会覆盖欧洲中部，向南延伸到阿尔卑斯山和比利牛斯山。现在，美国的温带地区也布满了北极动植物，与欧洲大致相同。当气候回暖时，北极生物会向北退去，被更温和地区的生物取代。随着温度的上升和积雪的消融，北极生物会不断向上攀登，而同胞则会向北迁移。因此，当完全恢复温暖时，同样的北极物种会再次出现在欧洲和北美洲的寒冷地区，或留在孤立的山顶上。

因此，我们就能理解在远隔万里的各地，如北美和欧洲的高山，为什么许多植物是相同的。我们也可以理解这样一个事实，即每个山脉的高山植物与生活在它们正北或接近正北的北极类型有特别的联系。这是因为寒冷到来时的第一次迁移以及温暖回转时的再迁移，一般是向着正南与正北的。

在冰河时代之前的上新世时期，虽然世界上大多数物种与现在完全相同，但气候比现在更温暖。北极地区的生物随着气候的变化，向南迁移。因此，现在生活在北纬 60° 气候下的生物，在上新世时期生活在北极圈以北，在目前北纬 60° ~ 67° 的极地生物，当时生活在更靠近北极的大陆上。由于它们的集体迁移和相对相近的气候条件，它们之间的相对关系不会受到很大的影响。这种观点可以解释冰川期开始之前，新旧世界亚寒带和温带生物的一致性。

因为长时间的地球变动，我们大陆的形态和位置已经发生了巨大的变化，但是它们的相对位置保持了不变。

在更早、更温暖的时期，相同的动物可能生活在连续的北极陆地上，而随着气候逐渐变冷，陆地上有许多动植物，在漫长的时间里迁移到南方，并且彼此之间逐渐变得不同。我们现在能看到的动物可能是它们后代的变化。

同样的事情也发生在海洋里。海洋动物群在很早以前，沿着北极圈的连续岸边一致地向南迁移。根据变异的理论，我们可以解释为什么现在生活在完全隔离的海洋里的一些动物如此相似。在北美洲东西两岸的温带地区，还有很多在第三纪时期就存在的动植物。在地中海和日本海域也有很多密切相关的甲壳类动物和其他海洋生物，这些地区现在被整个大陆和宽阔的海洋隔开。

生物种类的相似和不相似，不能单纯地归因于它们所生存的物理条件相似或不相似。即使是在物理条件相似的地方，生物种类也可能完全不同。我们需要回到冰川期的话题上来。冰川期对全球的影响非常大，甚至可以通过动植物的化石来证明。我们在欧洲和西伯利亚发现了许多被冰冻的哺乳动物和山地植被，这是冰川期存在过的最明显的证明。在喜马拉雅山脉、新西兰和澳大利亚东南角也有类似的冰川活动的直接证据。

在美国的东部和南部纬度36°～37°和46°的地方，以及在落基山脉，人们看到了由冰川带来的碎石。在赤道地区的科迪勒拉山脉，冰川曾经延伸到远低于现在的高度。我曾在智利中部看到了一个高达800英尺的巨大岩石碎块堆，现在被认为是巨大冰碛的遗迹。在南纬 41°到最南端，这片大陆两边拥有无数距离发源地很远的巨大的漂石，这是冰川活动的明显证据。

我们不确定世界两端是否同时出现了冰川期，但是我们有充分的证据表明这个时期在最近的地质时期内发生过，持续时间很长。虽然在不同的地方寒冷的开始时间可能不同，但它们在每个地方持续的时间很长，从地质意义上说，它们是同一时期的。我们可以认为，在北美洲的东西两侧、科迪勒拉山脉和较暖的温带地区以及南极洲南端两侧，冰川活动同时发生。如果这是真的，就很难不相信整个世界的温度在这一时期都是较低的。

根据"整个世界从北极到南极同时降温"的观点，就可以说明一些相同或亲缘物种的现今分布情况。在美国，胡克博士已经证明，火地岛有 40 到 50 种开花植物（它们在该地匮乏的植物群中占了不小的部分），与相距遥远且出现在欧洲的植物相同。美洲赤道地区的高山上有许多与欧洲植物同属的不同物种。许多植物同时存在于喜马拉雅山、印度半岛相互隔离的山脉、斯里兰卡高地和爪哇岛的火山锥地区，或者完全相同，或者非常相似，同时与欧洲植物也很相似，但它们在这些地区间炎热的低地上并没有分布。如果将在爪哇岛较高的山峰上收集到的植物所在的属列成一份清单，简直就像是从欧洲一个山丘上收集到的植物的清单。还有更奇特的情况，我从胡克博士那里听说，其中有些澳大利亚生物沿着马六甲半岛的高地分布，一边零星分散到了印度，另一边最远分布到了日本。

这些简单的论述只适用于植物，但关于陆地动物，也可以列举出少量类似的实例。海洋动物也有同样的情况。我想引用权威专家达纳教授的一句话："在全世界范围内，新西兰的甲壳动物与英国的最为相似，二者正好处于地球上相反的位置，这真是一个神奇的现象。"

随着寒冷的慢慢到来，所有热带植物和其他植物都从两侧向赤道撤退，后面跟着温带生物，再后面是北极生物，但后者我们不用担心。热带植物可能遭受了大量灭绝，具体多少，没有人能说清楚。但是一些能承受寒冷的动植物可能会在海拔较低、温度较高的地方幸存下来。温带动植物相对来说受到的影响较小。在冰川时期，一些温带物种可能会取代一些本土物种，直到赤道甚至跨越赤道。高原环境和干燥气候有利于入侵，而最潮湿和最热的地区则为热带本土物种提供了避难所。因此，在某些地区可以看到来自不同气候的动植物。

在冰川时期，很多植物、一些陆生动物和海洋生物从北温带和南温带迁移到了热带地区，有些甚至跨越了赤道。随着气候的变暖，这些温带物种会爬到高山上生长，而低地上的物种会消失。那些没有到达赤道的，会返回它们原来的家园。但那些越过了赤道的北方物种，会继续向南迁移，到达南半球的温带纬度。虽然有些物种可能没有太大的变异，但在新环境下，它们不得不和许多新的物种竞争，而这可能会使它们的构造、习性和体质发生变化，以适应新环境。因此，虽然它们仍然与原来在北半球或南半球的物种有很多相似之处，但现在它们已经成为明显的变种或独特的物种，存在于它们的新家园。

有一点值得关注的是，胡克研究美洲生物以及德康多尔研究大洋洲生物后，都认为，相同或微微变异的物种从北向南的迁移，多于从南向北的迁移。但是，婆罗洲和埃塞俄比亚山区也有少量南方生物。我设想从北向南的迁移，是因为北方陆地范围较大，而且因为北方物种在其故乡生存的数量较多。因此，通过自然选择与竞争，它们较南方类型要更完善，即占有优势。在冰川期，两群生物相混合时，北方物种就有力量能够战胜不强的南方物种。今日还有这种情况，我们看到很多欧洲生物布满南美的拉普拉塔，并且小范围地占据大洋洲，一定程度上打败了那里的本土生物。

科学家们对于生物分布的问题还有很多研究需要进行，但是我们已经知道了一些有趣的事情。冰川可能对一些生物的传播起了一定作用，使同属的不同物种从一个相同的中心点向四面八方迁移。在上次冰川期开始之前有一段温暖的时期，当时南极地区的土地上还没有冰面，上面生活着非常独特且与世隔离的植物群。可以设想，在冰川期消灭这个植物群之前，少数类型由于偶然的传播方法，以及由于它们把现今已沉没了的岛作为歇脚点，也许在冰川期开始前，它们就已经在南半球的各地广阔地散布开了。因此，美洲、澳大利亚、新西兰的南部海岸拥有少量相同的独特生物。

科学家们认为，在最近的时期，世界经历了一个巨大的变化周期，这也影响了生物的分布。生命的潮水在不同的时期会从北向南或从南向北流动，但是自北向南的流动力量更大，它会把生物留在山顶上。这样搁浅下来的生物就像是被驱逐到了一个人迹罕至的地方，它们成了周围低地居民存在过的证据，对我们来说非常重要。

第十二章

地理分布（续）

由于湖泊和河流系统被陆地分隔开来，而海洋显然是一个更不可逾越的壁垒，因此淡水物种理论上不会扩散到遥远的区域。但实际情况正好相反。许多淡水物种不仅生活范围广阔，甚至能分布在世界各地。我很清楚地记得，当我第一次在巴西的淡水中收集标本时，惊讶地发现当地的淡水昆虫、贝类等生物与英国淡水生物非常相似，而周围的陆生生物与英国陆生生物存在很大的区别。

这是因为这些淡水生物可以利用有利的方式从一个池塘或小溪迁移到另一个池塘或小溪，从而散布到很远的地方。我们倾向于相信同一种鱼类不会出现在相距遥远的大陆的淡水中，但是在同一大陆上，物种往往能够广泛分布。但一些事实似乎在支持偶然传播，例如印度经常有活鱼被旋风抛落，它们的鱼卵离开水以后还能保持生育力。

淡水鱼类的扩散可能是因为近期陆地水平的微小变化，导致河流相互流入，或者是在洪水期河流相互流通。另外，有些淡水鱼属于非常古老的物种，它们有足够的时间和手段进行迁移。咸水鱼也可以慢慢适应淡水生活。

因此，我们可以看到淡水生物有一定的能力在世界各地广泛分布。

— 淡水鱼的迁徙 —

有些淡水贝类的分布范围很广，它们的亲缘物种也遍布全世界。我曾经对它们的分布情况感到很奇怪，因为它们的卵不像鸟类那样能够传播，而且卵和成体一样，会很快被海水杀死。但是，我看到了两个现象，让我想到了一些可能的解释，而且我们将来可能会发现更多类似的现象。例如，我曾经两次看到鸭子从盖满浮萍的池塘里冒出来，身上附着有小植物。此外，还发生过这样的事：我将一些浮萍从一个水族箱移到另一个箱子后，无意中使新的箱子里长满了前一个水族箱中的淡水贝类。更有趣的是，当我将一只鸭子的腿浸泡在装有淡水贝类卵的水族箱中，许多刚孵化出来的贝壳爬到了鸭腿上，并牢牢地挂在上面。这些刚刚孵出的软体动物虽然本性上是水栖的，但在鸭爪上，在潮湿的空气中，能活12至20小时。在这段时间里，鸭子或鹭可能至少飞出六七百英里。因此如果这些禽类被风吹到海岛或其他遥远的地方，它们可能会落在池塘或小溪中，这些贝类就有机会分布得很广。

至于植物，人们早就知道许多淡水物种甚至沼泽物种的分布范围非常广泛，它们既生活在大陆上，也存在于最遥远的海洋小岛上。我想，有利的传播方式解释了这一事实。这些植物的分布可能与鸟类有关，涉禽类常常徘徊在池塘的污泥边缘，它们如果忽然受惊飞起，脚上极可能带着泥土。这种鸟类比其他鸟类的活动范围更大，它们偶尔会出现在茫茫大海中最荒凉最贫瘠的小岛上，但它们又不太可能降落到海面上，因此腿上的泥土不会被冲走。当到达陆地时，它们一定会栖息在淡水地区。我相信植物学家没有意识到池塘的泥浆中充满了种子。我曾经在一个小池塘沿岸，从水下三个不同的地方取了三勺泥浆，只用了一个早餐杯就可以装下它们，但在六个月后，我发现这些植物已经长成了537株。我想，同样的因素可能也影响了一些较小的淡水动物的卵。

　　其他未知的媒介大概也发生过作用。我已经说过，淡水鱼吃某些种类的种子，而且连小的鱼也会吞下相当大的种子，比如黄睡莲和眼子菜属的种子。而苍鹭和其他鸟类每天都在吞食鱼类，它们会飞到其他水域，或者被风带着飞过大海。并且我们知道在很长时间后，随着粪便排出的种子，还保持着发芽的能力。

　　当考察这几种分布方法时，应当记住，比如在一个隆起的小岛上最初形成一个池塘或一条河流时，其中是没有生物的。即使只有一颗种子或一个卵来到这里，它们存活下来的可能性也很大。同一池塘的生物之间，不管个体如何少，总有生存斗争，不过水生物种的竞争比起陆生物种就不那么激烈，因为物种数量与陆地相比总是少的。

　　淡水植物和低等动物的广泛分布，我认为主要取决于动物，尤其是淡水鸟类对它们的种子和卵的广泛传播。这些鸟类飞行能力强大，自然地从一个地方飞到另一个地方，而且通常是相隔很远的遥远水域。大自然就像细心的园丁，将种子从某种性质的花坛中取出，丢到同样适合生长的另一个花坛里去。

　　现在来讨论最难理解的部分：同一物种和相近物种的个体都由同一个亲本进化而来，因此，它们都来自一个共同的出生地。尽管随着时间的推移，它们如今已经移居到地球上遥远的地方。下面我主要讨论传播问题，同时也会考虑与独立创造说和演化说真实性相关的其他一些例子。

海岛上的物种数量通常比同等大陆地区少得多。例如，新西兰和周围的小岛总共只有960种开花植物，而大洋洲和好望角同等面积的地方则有更多。这差异可能不仅仅是因为岛屿的物理条件不同，我们有证据表明，贫瘠的阿森松岛最初生长着6种开花植物。然而，现在有许多外来的物种却在那里归化了。如果一个人承认每个物种是独立创造出来的，他将不得不承认海岛上并没有创造出足够多、最适合当地的动植物，而人类无意中将大量生物带到了这些岛上，比大自然所做的工作更充分、更完美。

海岛上的生物数量相对较少，但特有种类（即世界其他地方找不到的种类）却很多。这是因为当物种来到新的隔离地区时，它们会被迫与新的生物竞争，容易发生改变，产生一群变异后代。但是并不是海岛上的所有物种都具有独特性，只有没有遭遇集体迁入物种的竞争，没有受到太多扰乱的物种才会具有独特性。例如，加拉帕戈斯群岛上几乎所有陆栖鸟都是特有的，但11种海鸟中只有2种是特有的。这是因为海鸟更容易到达这些岛屿。与此相反，百慕大群岛虽然有一种很特殊的土壤，可是它并没有一种特有的陆生鸟类。有非常多北美洲的鸟类来到这个岛上。但因为它们长久以来相互斗争，并且相互适应了，当它们在新的家园定居时，各种鸟类都处在适合自己的生存空间里，保持正常的习性，因此并不容易变异。

有些岛上缺少整个类别的动物，比如加拉帕戈斯群岛上的哺乳动物被爬行动物取代了。这个现象可能是因为这些动物很难在岛上生存，也可能是因为其他动物已经占据了它们的生存空间。对于这些遥远的岛屿上的生物，还有很多有趣的现象。比如，在某些没有哺乳动物的岛上，一些植物有漂亮的钩状种子，这些种子适合通过动物的皮毛或羊毛传播，这样植物就能在岛上生存下来，并且逐渐演化成为特有物种。此外，在一些遥远的岛屿上，草本植物可能会变成灌木和树木，因为它们没有大陆上的竞争压力，在这儿可以生长得更高更大，占据更多的生存空间。这些生物的分布和形态变化，可能不仅仅是由环境决定的，迁移的便利性也可能起到了很大的作用。

海岛普遍缺失青蛙、蟾蜍和蝾螈，这个事实很奇怪，因为这些动物在大陆上很常见，而且这些岛的环境看起来也很适合它们生存。人们曾将青蛙引入了马德拉、亚速尔和毛里求斯，结果它在这些岛上大量繁殖，已经变成了一种灾害。依我看，因为青蛙和蟾蜍的卵和幼虫不能在海水中生存，所以它们很难通过海洋传播到海岛上。

如果我们相信每个物种都是独立创造的，那么我们很难解释为什么这些动物没有被创造出来。

很多海岛上都没有真正的陆生哺乳动物，这是因为它们无法越过宽阔的海洋。但是，许多岛上有小型的四足动物大量繁殖，而且几乎每个岛上都有飞行的哺乳动物——蝙蝠。这是因为蝙蝠能够飞越海洋，而陆生哺乳动物不能。蝙蝠不仅能够适应新的生存空间，在海岛上繁殖，并且发生相应的变化，这样就产生了独特的蝙蝠物种。

在海洋中的岛屿上，很少会发现陆生哺乳动物。这个现象不仅仅是因为岛与大陆的距离远，还与岛屿之间隔开的深度以及哺乳动物之间的亲缘关系有关。研究者发现，马来群岛在西里伯斯处被一段深海隔开，这一分隔造就了两个大不相同的哺乳动物群。在深海隔开的两边岛屿上，四足动物却十分相似。同样地，英国与欧洲被一条浅海隔开，两者的哺乳动物就很相似。浅浅的海峡似乎更有可能在某个时期曾连在一起。因此我们可以理解，为何分隔两个哺乳动物群的海洋深度与动物的相似程度具有对应关系，而这一关系根据独立创造理论完全无法解释。

海岛上的生物和最近的大陆上的生物之间有着密切的亲缘关系。一个例子就是加拉帕戈斯群岛，它距离南美洲海岸500到600英里。这里有26种陆地鸟类，它们大多数和美洲的鸟类很相似，表现在一些性状、习性、姿势和鸣叫声上。此外，加拉帕戈斯群岛的植物也和美洲的植物很相似。但是加拉帕戈斯群岛的生存条件、地理性质、海拔或气候、各种生物类型的比例，与美洲海岸全都存在相当大的差异。另一方面，佛得角群岛火山性质的土壤、气候、高程和岛的大小都和加拉帕戈斯群岛相似，但是它们的居民却完全不同。这表明海岛上的物种和最近的大陆上的物种之间的亲缘关系并不是由独立创造来解释的。相反，海岛可能接受了来自最近的大陆的移民，不管是因为偶然的传播方法，还是因为过去相连的陆地。

类似的事实，岛屿上的特有生物普遍与其最邻近的大陆或岛屿上的生物有着紧密的联系。比如说，克尔格伦群岛上的生物与美洲生物非常相似，这可能是因为冰山带来了许多种子。新西兰的本土植物与最邻近的大洋洲大陆植物相关，但它们也与南美洲的植物相关。这可能是因为在冰川期开始之前，一些生物从位于这些地区中间的南极岛迁移而来。

决定海岛生物与最邻近的大陆上的生物之间亲缘关系的相同法则，有时在同一群岛的范围内，也可小规模地体现，只是更有趣。比如，加拉帕戈斯群岛的各个离岛上都有不同的物种，但它们之间的关系比与其他地区的物种之间的关系更密切。这是因为这些岛离得很近，一定会有来自同一发源地的移民以及岛与岛之间的移民。但为什么它们之间的变异会有所不同呢？除了物理条件外，与其他物种竞争也很重要。因为不同的生物在不同的岛上会遭遇不同的竞争，如果这个物种变异了，自然选择就会在不同的岛上帮助它产生不同的变种。有些物种还会在整个群中保持同一种类，但也有些物种会散布开来，并且在不同的地方演变成不同的变种。

真正令人惊讶的是，在不同岛上形成的新物种并没有迅速传播到其他岛上。这些岛虽然彼此可见，却有很深的海湾将它们分开，在大多数情况下比英吉利海峡还宽，没有理由认为它们在过去曾是相连的。岛之间水流湍急，大风极其罕见，从地图上根本无法感受到这些岛之间的实际隔离程度有多大。即使这样，有些物种也是很多岛共有的，包括群岛特有的物种，以及与世界其他地区共有的物种。我们依据它们现在分布的状态可以推想，它们可以从一个岛上散布到其他岛上去的。但我们总是错误地认为，没有交通阻碍且关系很近的物种就可能入侵对方的领地。毫无疑问，如果一个物种比其他物种占有任何的优势，它便会在很短的时间内全部或局部地排挤掉其他物种，但如果两者能同样好地适应各自的位置，那么在相当长的时间内，两者大概都会保持各自的位置。

支配海岛生物一般特性的原理，即移民和它们最容易迁出的发源地的关系，以及它们之后的变异，在整个的自然界中具备普遍性。不仅适用于海岛，也适用于山峰、湖泊、沼泽等各种地形。例如，南美洲的高山蜂鸟、高山啮齿类、高山植物等都和周围的低地物种很接近。而且，如果两个地区存在许多关系密切的物种，那么这些地区就很有可能发生过交流或迁移。在某些情况下，不同学者对于物种的分类也会存在争议，这也向我们展示了变异的过程。

有些物种分布范围很广，这表明它们可能具有迁移能力和适应不同环境的能力。例如，在世界各地的鸟类、蝙蝠、猫科动物、犬科动物和淡水生物中，有许多物种的分布范围非常广泛。但是，并不是所有表面上能越过障碍物的物种就一定分布范围广，因为分布广泛的能力还包括在不同环境中生存的能力。从一个属的所有物种都起源于单一亲本的观点来看，未变异的祖先一定要广泛分布，在传播过程中变异，使自己处于各种环境中，才有利于将后代先变成新变种，最终变成新物种。

在考虑到某些属的广泛分布时，我们应该记住，有些属非常古老，一定是某个遥远的时代的共同亲本的分支。它们就有足够的时间来应对巨大的气候和地理变化以及传输的意外。同时，从地质证据来看，在每一大类中，较低等的生物通常比高等生物变化的速度要慢。因此，较低等生物更有机会广泛分布，并仍然保持相同的特定特征。这一事实，加上许多低等的种子和卵都非常微小，更适合远距离传输，都可能解释了一个长期被遵循的定律，即任何一种生物，等级越低，分布范围就越广。

我认为，上述讨论的现象，从每个物种都是独立创造的观点来看，都将无法解释的，但如果这些生物是从最近或最便利的发源地移居过来的，并且移民之后适应了它们的新家乡，这就可以解释了。

阅读完本章节，我们不难相信，同一物种位于世界各个角落的所有个体都是共同祖先的后代。其中最重要的观点是各种自然屏障的重要性，以及亚属、属和科的相似分布。根据我的理论，同一属的不同种一定都是从一个发源地散布出去的。

为了解释为什么不同地区的动植物看起来不同，我们需要考虑气候和地形对它们的影响，以及它们如何迁移。我们知道，每个物种都有一个发源地，从那里开始，它们可以适应新环境并逐渐扩散。但是，障碍物如山脉、河流和海洋会限制它们的分布。此外，不同的物种之间也会相互影响。这些因素加在一起，使得即使在条件相同的两个地区，我们仍然可以看到不同的动植物。另外，一些物种也可能在新环境中发生变异，并演化成新的类型。

根据相同的理论，我们可以解释为什么海岛上的生物数量很少，而且其中很多物种只存在于本地。我们还能理解为什么一些生物群体中的所有物种都只存在于一个海岛上，而另一些生物群体中的所有物种都存在于邻近地区。我们也可以知道为什么岛上没有两栖动物和陆生哺乳动物等整个生物群体，而岛上最与世隔绝的地方却有飞行哺乳动物即蝙蝠的独特物种。我们还可以了解到，岛上存在的哺乳类经过变异，与岛与大陆之间的海洋深度有关系。我们还可以清楚地了解，为何一个群岛的若干小岛上都是不同的物种，却相互间有亲缘关系，并且和最邻近的大陆或发源地的其他生物同样有关系，不过关系较不亲密。我们可以理解，当两个地区存在非常相似的物种或代表物种时，为什么不管两地相距多远，我们几乎总能在这些地区找到一些相同的物种。

生命在时间和空间上有着惊人的相似之处。每个物种和物种群体的存在都是连续的，存在某些例外，或许是因为有些物种存在的中间层还没有发现。同样地，一个物种或物种群体的生活区域也是连续的，也有例外，比如生物过去在不同环境下迁移，或者通过偶然的传播方式到达了其他地区，或者在中间地带灭绝了。在时间和空间上，每个阶层中的低等成员的变化一般都小于高等成员。这些变化都是自然选择的结果。因此，我们可以理解生物类型演替的法则在不同时间和地区的差异，以及生物彼此之间的相似之处。

第十三章

生物的相互亲缘关系：形态学、胚胎学、退化器官

自生命开始以来，生物之间的相似程度不断递减，因此它们被分成不同的群。这种分类不是随意武断的，而是根据生物的生活方式和习性。即使是同一子群体的成员，它们也会有不同的生活习性。在第二章和第四章中，我们讨论了变异和自然选择，发现分布广的常见物种，如大属里的优势物种也是变异最多的。这些变异最终可以转化为不同的新物种，依据遗传原理，还会产生其他新的优势物种。因此，现在庞大的群体通常包括许多优势物种，倾向于无限地扩大规模。我还试图进一步阐明，由于每个物种的变异后代在自然系统中努力占据尽可能多和尽可能不同的空间，它们的性状会不断趋向于分歧。任何小的地区内类型繁多、竞争激烈的物种，以及物种归化的一些例子，都可以支持这个结论。

　　生物群体不断地增长和分歧，会导致一些生物类型取代并消灭那些改善程度不高的生物类型。许多生物属，它们共同形成了一个纲。这些组成单位中的生物，都拥有共同的祖先，并且有许多共同之处。这就解释了为什么生物会在群下再分类群。亚科、科和目的组成也是如此。

　　博物学家们试图按照自然系统来组织生物分类。这个系统将最相似的生物放在一起，将最不同的生物分开。这个系统非常实用，也很有创意。有些博物学家认为自然系统不仅仅是为了分类，而且揭示了造物主的计划。但如果不能指出计划的时间或空间顺序，或者其他含义，那么我们的知识并没有因此增加。林奈说过，不是性状决定了属，而是属决定了性状。这似乎意味着分类学还有更深刻的东西，例如揭示了生物之间的亲缘关系。

　　分类学是一门研究生物相似性和关系的学科。但是，人们一直在争论究竟哪些相似性最重要。过去人们认为，生物的构造部分和它们在自然界中的位置很重要，但现在我们知道这种想法是错误的。事实上，许多生物在外表上相似，但在分类学中却不会被划分到一起，因为它们的生活方式和生存环境不同。分类学家们更加注重生物的部位和特殊习性与它们之间的关系。例如，儒艮的生殖器官就是一个重要的分类特征，因为它与生物的习性和食物关系最少，所以可以更准确地体现它们的亲缘关系。研究这些器官的变异，我们不太可能把适应性状误认为是主要的性状。

　　因此在分类时，我们不能仅仅依靠某些部分展示的相似性，无论它们对于个体与外部世界的关系来说多么重要。我认为，器官在分类上的重要性，取决于它们在大种群中是否具有更大的稳定性。这种稳定性，通常需要这些器官在物种适应其生存条件的过程中有较少变化。只凭一个器官的生理重要性，并不能决定它在分类上的价值。就算在近似的群中，同一器官具有几乎相同的生理价值，它们的分类学价值却可能大不相同。例如在膜翅目的一个大类中，触角是最稳定的构造，但在另一个大类中，触角的差异却很大，而且这种差异在分类系统中的意义很小。但是显然在这两个相同目的支群里，触角具备着同等的生理重要性。

　　同样，没有人会说退化器官具有很高的生理意义，或者对于生物的生存来说很重要。然而，毫无疑问，这种情况下的器官在分类中往往具有很高的价值。

　　博物学家在分类工作时，并不关注一个特征的生理价值，而是看这个特征在不同类型中的普遍性。如果一个特征在很多类型中都有，而其他类型中没有，那么这个特征被视为很有价值。相反，如果拥有这个特征的类型较少，那么这个特征的价值就比较低。这个原则被认为非常重要，并且一些自然学家也承认这一点。如果几种性状总是关联出现，虽然其间没有发现显然的联系纽带，也会赋予它们特殊的价值。虽然在大多数的动物群中，推动血液循环、输送空气、繁殖等重要器官被认为是分类的重要依据，但是一些对生物生存非常重要的器官的性状价值并不高。

分类学包括从胚胎到成体的所有性状。虽然在自然界中，只有成体的构造才能发挥重要作用。但博物学家米尔恩·爱德华兹和阿加西斯却认为，在动物分类中，胚胎构造是最重要的。这个理论已经被普遍承认是正确的。开花植物也是这样。它们的分类主要是基于胚胎的差异，包括子叶的数量和位置，以及胚芽和胚根的发育模式。这些性状拥有极高的分类价值，因为自然系统的划分具有谱系性。

我们的分类常常明显受到类缘关系链的影响。找出所有鸟的许多共有性状非常容易，但到目前为止，我们还无法找到所有甲壳动物的共同特点。有一些甲壳类，其两个极端类型几乎没有一种性状是共有的。

在分类中也常常应用地理分布，尤其是用在非常近似的类型的大群分类中，尽管这一点不是非常符合逻辑。谭明克主张这个方法在鸟类的某些群中是有用的，甚至是必要的。若干昆虫学者和植物学者也曾采用过这个方法。

最后，关于不同种类物种的比较价值，例如目、亚目、科、亚科和属，至少它们目前看起来几乎是随意划分的。例如，有一个类群起初被有经验的植物学者只列为一个属，然后又被提升到亚科或科的等级，这样做并不是因为进一步的研究曾探查到最初没有看到的关键构造的差异，而是因为之后发现了各种差异稍不同的相似物种。

在我看来，所有上述分类上的规则、依据与难点，都能够依据下述观点获得解释，即自然系统是以生物演化为基础的，博物学家们认为揭示两个或多个物种之间真正亲缘关系的性状，遗传自共同的祖先，所有正确的分类系统都以血统为基础。共同的亲缘关系就是博物学者们无意识追求的潜在纽带，而不是一些未知的创造计划，也不是对一般命题的阐释，以及仅仅将相似生物划分到一起，将不相似的生物分开的机制。

我相信每个纲中的生物群体，相互之间以及上下级之间的划分，只有严格符合血缘关系才会显得自然。不同分支或群体尽管与共同祖先间隔相同的血缘距离，但它们经历的变化程度可能不同，因此差异程度也很不同，其表现形式就是生物被分成了不同的属、科、亚属和目。

让我们用一个例子来解释这种分类观点。我们可以想象人类的家族谱，就像一个大家族树一样。如果我们能够获得完整的人类谱系，那么我们可以将所有的人类按照他们的亲缘关系进行分类，这样就可以为全世界使用的各种语言提供最好的分类标准了。如果我们考虑到所有已经灭绝的语言和正在逐渐消失的方言，那么这种分类方法就会是最好的，也是唯一的。不同的语言群体之间可能有很大的差异，这些差异可能是由于传播、隔离和文明程度不同所导致的。我们需要将这些语言分组，以便更好地了解它们之间的亲缘关系。最合适的分类方式仍然是基于谱系的，因为这种方式将连接所有现存和已灭绝的语言，并且每种语言都有其亲本语言和祖先语言。

每个博物学家都知道，两性有时在最关键性状上体现了非常巨大的差异。某些蔓足类的雄性成体和雌雄同体的个体之间几乎没有共同之处，可是没有人会把它们分成两个物种。博物学家把同一个体的几个幼虫阶段视为一个物种，不管它们彼此之间，以及与成虫之间有多大不同。博物学家还会将畸形和变种归为同一物种，因为它们都来自同一亲本类型。如果发现两个原本被认为是不同物种的生物可以在同一植物上生长，就会认为它们是同一物种。但有些人会想知道，如果发现袋鼠是从熊演变而来的，我们该怎么办？这种想法是不科学的，简直像是有人在问，如果看到一只完美的袋鼠从熊的肚子里生出来，该怎么办？

虽然同一物种中的雄性、雌性、幼体有时候差异很大，但人们还是将它们归为同一物种，这是因为它们有着共同的血缘关系。同样地，人们可能会用这种血缘关系来对物种进行分类，比如把多个物种归为同一个属，或者把多个属归为同一个更高等级的群体。分类学家会尽可能地追寻物种之间的亲缘关系，而这种关系是通过物种之间的相似点来判断的。因此，在分类中，不管是退化器官还是其他部位，在同等重要性上都很重要。即使是微小的性状，比如下巴的弯曲角度或者昆虫翅膀的折叠方式，只要它们在许多不同的物种中普遍存在，就具有很高的价值。因为这些共同的性状只能是遗传自共同祖先，这也能帮助我们更好地理解这些物种之间的关系。所以，当许多不关键的性状同时存在于习性不同的一大群生物身上时，它们在分类上有着特殊的价值。

在分类学中，只要有足够数量的性状，尽管非常不重要，一旦揭示了亲缘关系共同性的潜在联系，就可以分类。有时候，即使两个物种没有任何共性，但是它们中间有很多的中间类型，将它们连接在一起，我们也可以推论出它们的亲缘关系，并将它们分类在同一个类别里。在各种生存环境中有利于存活的器官，总体上是最稳定的，我们在分类中就会格外重视这些器官。由此我们可以知道，为什么胚胎的性状在分类学上会如此重要。有时在分布广阔的大属中，也可以应用地理分布进行分类，即使栖息在不同的孤立地区，只要是同属物种很可能都遗传自同一对祖先。

科学家们之前曾经认为外部相似是分类生物的重要指标，在我看来，表露的性状，只有在揭露了血缘关系时，才在分类上具备真实的关键性。属于两个截然不同谱系的动物，可能很容易适应相似的环境，从而在外表上非常相似。但是这些相似之处并不能揭示它们的血缘关系，而是倾向于掩盖它们的血统。有些物种之间在外表上看起来差别很大，但如果它们有真正的亲缘关系，那么它们就应该归为一类。只有在揭示了血缘关系时，相似之处才有真正的价值。所以，在分类生物时，我们不能只看外表相似程度，还需要深入研究它们的亲缘关系。

在地质演变方面的研究中，我们可以发现一些古老生物的性状处于现存生物的中间地带。这些生物的后代会继续保留这些特征，形成了一些叫作"中间型物种"或"异常物种"的生物。这些异常物种通常很少，物种间的差异也很大，所以很容易灭绝，例如鸭嘴兽和肺鱼。如果每一属都不仅仅有一个物种，而是有十多个物种，大概还不会使它们减少到如此稀少的程度。但是，我经过一番调查后发现，这种异常属的物种数量一般不会很丰富。我想，这些异常群体曾被更成功的竞争者打败，而其中少数成员在异常有利的环境下幸存了下来。

在博物学中，灭绝起着很重要的作用，它能够帮助我们理解各个生物群之间的距离。如果一个生物群灭绝了，我们就可以更清楚地看到它们与其他生物群之间的差异。例如，鸟类和其他脊椎动物之间的差异，可以解释为在过去曾将鸟类的始祖与其他脊椎动物的始祖相连接的生命形态已经完全灭绝了。但有些连接生物群的生命形态没有完全灭绝，例如甲壳纲。这个纲中目前差异极大的生物类型，仍然由一条长长的、部分断裂的亲缘关系链条相连接。灭绝只是分离了族群，并没有创造出族群。

我们看到同一纲的成员的整体构造非常相似，这与它们的生活习性无关。这种类似性常常用"类型一致"这个术语来表示，或者说同纲不同物种的若干部位和器官是同源的。这一切包含在形态学这一总称之内。这是博物学中最有趣的部分，可以说是博物学的灵魂所在。你能想象人类用来抓握的手、鼹鼠用来挖掘的爪子、马的腿、海豚的鳍状前肢、蝙蝠的翅膀都拥有相同的构造模式，并且在相应的位置拥有相似的骨头吗？

— 同源器官 —

这些都是同源器官，它们的规律性是非常高的。即使这些部位的形状和大小发生变化，它们仍然以相同的顺序连接在一起，例如骨和前臂骨、大腿骨和小腿骨的连接关系始终如一。因此，不同动物的同源骨可以被冠以相同的名字。同样的规律也适用于昆虫的嘴、甲壳动物口器和肢体、植物的花等。这些用途完全不同的器官都是由同样的构造单元经过无数变化形成的。这种规律性使得博物学家们能够研究不同物种之间的联系，从而更好地理解生命的奥秘。

　　同样奇特的问题是连续同源性。它描述了同一生物不同部位或器官之间的相似性，而不是不同生物之间相同部位或器官的相似性。例如，头盖骨和脊椎的基本部分在数量和结构上是相同的，脊椎动物和关节类动物的前肢和后肢也是同源的。在甲壳动物复杂的下颚和腿的比较中，我们也可以看到同样的规律。花朵中的萼片、花瓣、雄蕊和雌蕊是由变态叶组成的，它们排列在一个尖顶上。在许多植物和动物的早期发育阶段或胚胎发育阶段，我们可以看到那些在成体身上有极大差异的器官最初是完全一样的。这些发现都提示着生物学家们，同源性在生物界中具有非常重要的意义。

　　为什么不同的生物却有相似的器官和构造呢？这是一个很奇妙的问题。如果我们只从一般的创造论出发，这些问题是无法解释的。但是，通过自然选择理论，我们可以找到答案。每个生物都是从一个共同的祖先进化而来，不同的变异在生物体中发生，有些对生物体有益，有些则没有。但是这些变异并不会改变器官的连接关系和基本结构，因此，即使生物体发生了变异，这些器官仍然保留着原始的构造模式。四肢的骨头可以任意地变短变宽，逐渐被一层厚厚的膜包裹起来，就成了鳍，或者一种有蹼的手，能够使它所有的骨骼或一些骨骼变长到任意程度，同时连接各骨骼的膜扩大，能当作翅膀用。如果我们假设所有哺乳动物、鸟类和爬行动物的某个早期祖先（我们可以称之为原型），它的肢体构造模式与这些现存生物的总体模式相同，不管是什么用途，我们马上就能理解同纲生物具有相同肢体构造的明确意义。

自然选择理论可以解释这些奇怪的现象。不同物种中相同的身体部位或器官，通常是由于它们的祖先有着相似的结构。这是因为相同部位的重复出现非常容易发生变异，因此它们的数量和结构容易发生变化。例如，脊椎动物和节肢动物都是由一系列带有突起和附属物的节组成的，而开花植物则是由一系列连续的螺旋状叶子构成的。由于这些部位和器官中具有相似的基本特征，它们在后代中往往会被遗传并保留下来。因此，我们可以认为脊椎动物的祖先有很多椎骨，节肢动物的祖先有很多关节，开花植物的祖先有很多排列成一个或多个螺旋形状的叶子。通过自然选择，这些部位和器官就可以适应不同的功能。

在软体动物的大纲中，虽然能找出不同物种的某些构造是同源的，但相比其他动物和植物纲的构造来说，同源的连续性很少。这意味着，软体动物中很少有同一个体身上的一个部位与另一个部位是同源的情况。在软体动物中，即使是最低级的物种，无限重复的情况也不多见。

博物学家经常把头骨说成是由变形的脊椎骨构成的，把螃蟹的下颚说成是变形的腿，花的雄蕊和雌蕊是变形的叶子。在大部分情况下，更正确地说，头颅与椎骨、颚与腿等，并不是从现存的另一种构造变形而成的一种构造，它们都形成自某种共同且比较简单的原始构造。因此，博物学家使用这些比喻只是为了更好地说明问题，而不是字面意义上的解释。

有趣的是，不同种类的动物在胚胎阶段看起来很相似，如果忘记了标记某种脊椎动物的胚胎，就无法分辨它是哺乳动物、鸟类还是爬行动物。昆虫的幼虫之间的相似性也比成年昆虫更大。但就幼虫而言，胚胎是活跃的，已经适应专门的生活方式。有时直到相当晚的龄期，还保持着胚胎时期的痕迹。

同纲的动物虽然成体大不相同，却有着彼此相似的胚胎构造，这往往和它们的生存条件没有直接关系。例如，鸟类、哺乳动物和蛙类的胚胎都有相似的内部结构，它们的生存条件很不一样。这种相似可能与它们的祖先有关。

一些动物的幼体是活动的，并且必须为自己找寻食物，情况就有所不同了。这种活跃期在生物身上出现的时间可能存在差异，一旦活跃期到来，幼体对生存环境的适应就会和成体一样完美。在大部分情况下，幼体阶段的相似性可能会更加显著，而成体间的差异会更加明显。例如，虽然不同种类蔓足动物的外形差异很大，但它们的幼虫几乎无法区分。

胚胎在发育过程中，通常会变得更高级。有时我们认为，成体比幼虫等级高，但在一些寄生甲壳类中，幼虫等级更高。举例来说，蔓足动物幼虫的第一阶段只有三对运动器官和一只单眼，到第二阶段就拥有六对游泳腿、复杂触角和复眼，但嘴巴无法打开。它们在这一阶段的任务是用发育良好的感觉器官和处于最佳状态的游泳能力寻找一个最佳位置，以便附着在上面完成最后的蜕变。蜕变完成之后，它们就一直定居不移动了，于是它们的腿转化成抓握器官，也重新获得了一个构造完好的嘴，但是触角没有了，两只眼睛也变成了微小、单个的简单的眼点。最后完成蜕变的情况下，很难说蔓足类成体比它们的幼虫等级更高。

那么，怎么解释胚胎学的这几个现象呢？我相信根据自然选择的观点，对于这些都可作如下解释。

人们通常认为，也许因为畸形在很早期就影响胚胎，所以常常假定轻微的变异也必定在同等的早期内出现。但实际上，证据显示变异可能在生命的任何时期发生。牛、马和各种动物的饲养者，在动物出生一段时间后才能肯定地说出它的优缺点。在我们自己的孩子身上也很明显是这样。我们无法讲出一个孩子将来是高是矮，或者将来一定会有什么样的容貌。问题不在于每种变异在生命的什么时期发生，而是在于什么时期能够表现出来。引起变异的原因甚至可以在胚胎形成前发生作用，可以是由于雌雄生殖器受到一方亲本或者其祖先所处条件的影响。只要非常幼小的动物还在母体的子宫或卵中，或者只要得到亲本的喂养和保护，那么它的生命中获得大部分性状的时间早一点还是晚一点，对它来说并不重要。例如，对于用非常弯曲的喙获取食物的鸟来说，只要幼体还在得到亲本的喂养，那么幼体是否拥有这种形状的喙并不重要。

我在第一章中已经说过，有一些证据表明，无论在什么龄期，任何变异第一次出现在父母身上，很可能倾向于在后代相应的龄期时重新出现。而某些变异只能在相应龄期出现。例如，蚕蛾在幼虫、茧或蛹的状态时的特性，以及完全发育的牛角的奇特性状。

在我看来，上述两个原理似乎可以解释家养变种胚胎后期的一些现象。饲养者们在狗、马、鸽等近乎成长的时期选择它们并进行繁育，他们并不关心所需要的性状是在它们生命的较早期还是较晚期获得的，只要充分成长的动物能够具有这些性状就可以了。有些家养的动物品种，比如狗、马和鸽子，会在它们成长的时期被选择并进行繁育。我们之前举的鸽子的例子表明，不同品种的鸽子之间的差异通常是由人工选择形成的，而这些差异往往不是在生命的早期出现的，而是在它们成熟后才会出现。但是，有些品种，比如短面翻飞鸽，会在生命的早期就表现出与其他品种不同的性状差异。这些研究结果告诉我们，不同品种的动物可能在不同的时间点表现出性状差异，这也可以帮助我们更好地理解家养变种的胚胎学现象。

现在我们用这两个原理来解释一下自然界中的物种。我们来看一个鸟类的群体，它们遗传自某一个古代类型，并且通过自然选择逐渐变异来适应不同的特性。因为很多物种的轻微变异不是在很早的生命阶段发生的，而是在相应的阶段获得遗传的，所以幼体之间的相似度比成体之间更高。我们可以将这种观点应用到不同构造和整个物种上。比如，曾经被古代祖先当作腿来使用的前肢，经过长期变异后，可能在一个后代身上变成了手，在另一个后代身上变成了鳍状前肢，而在另一个后代身上则变成了翅膀。但是根据上述两个原理，连续的变异发生在较晚的生命阶段，而且在相应的阶段得到遗传。在这些类型的胚胎中，前肢不会有太大的变异，虽然每个物种的成体的前肢之间差异很大。但每个新物种，它的胚胎的前肢会与成体的前肢差异很大，成体的四肢在生命的后期大量变异，因此才能变成手、鳍和翅膀。无论是长期的锻炼或使用，还是长期的废弃，都不会对幼体的改变产生太大影响，因为这些影响主要发生在成体动物身上。因为成体需要竭尽全力争取生存，相应地，这些影响会传给接近成熟的后代。因此，运用或者废弃对幼体的影响很小。

有时候，由于我们不知道的原因，变异的连续步骤可能发生在生命的早期，或者每个步骤都可能在更早的时期遗传下去。在这种情况下（比如短面翻飞鸽），幼体或胚胎与成熟的亲本形态非常相似。这是一些动物群体的发展规律，比如墨鱼、蜘蛛和一些大昆虫纲的成员，比如蚜虫。这可能是因为幼体在非常早的阶段就需要独立生存，并且幼体与亲本拥有同样的生活习性，此时幼体要想生存，必须用与亲本同样的方式变化。然而，如果幼体遵循稍不同于亲本的生活习性并从中获益，它们的构造也会稍微不同。那么根据相应阶段的遗传原理，幼体或幼虫可能因自然选择而变得与亲本不同。这些差异也可能与连续的发展阶段相关。因此，在第一阶段的幼虫可能与在第二阶段的幼虫有很大的不同，就像我们之前提到的蔓足类动物的情况一样。成体可能会适应一些地方或习惯，而在这些地方，运动器官或感觉器官将变得毫无用处，可以说终极变态就是退化了。

所有生物都可以被分为几个大的类别，这些类别之间有着微小的差异。如果我们完整地收集了所有生物的信息，我们就能确定它们之间的关系。在博物学家的分类中，他们更关注胚胎的构造而不是成体的构造。因为胚胎揭示了祖先的构造，如果两种生物有着相似的胚胎，就能确定它们的祖先很可能是相同的。每个物种和物种群的胚胎状态都能部分地表明古代祖先的构造。虽然古代灭绝的生物与现代生物有所不同，但它们的胚胎却有相似之处，这可以帮助我们了解它们的亲缘关系。但是，如果连续变异发生在生命早期的阶段，或者后代继承这些变异的时间比它们首次出现的时间早，那么这一法则就无法证实了。同时，由于地质记录的限制，我们可能无法确定所有古代生物和现代生物的胚胎是否相似。然而，对于许多生物来说，胚胎学是一种非常重要的方法，可以帮助我们了解它们的祖先和亲缘关系。

自然界中，存在着很多退化的器官和构造，它们经常带有被弃用的特征。举例来说，哺乳动物的雄性拥有不再使用的乳房，而鸟类的"小翼羽"可以看成是不再使用的脚趾。很多蛇类的肺中有一叶是不再使用的，还有一些蛇甚至带有后肢的痕迹。退化器官有时候表现得非常奇怪，例如，鲸的胎儿长有牙齿，成年后却没有一颗牙齿。在某些鸟类胚胎的喙中甚至可以发现牙齿的雏形。有些昆虫身上的翅膀缩小到完全不能飞行的程度，并且有些藏在鞘翅里牢牢相连！

退化器官的意义通常很明显。比如同一种甲虫，其中一种拥有完整的翅膀，而另一种仅仅拥有退化的膜，这表明退化器官是翅膀。有时退化器官还保持潜在能力，只是没有发育。家养奶牛的两个退化乳头有时候也能产奶，而雌雄异花的植物中，雄性花朵往往有退化的雌蕊。科学家发现，在让雄花植物与雌雄同花的植物进行杂交后，杂交后代的退化雌蕊体积明显增大，这表明退化雌蕊和发育完全的雌蕊本质上是一样的。

有些器官可以同时具有多种功能，但其中一种功能变得更加重要时，其他功能就可能会退化或完全不发育。例如，某些植物的雄性小花因为没有柱头而无法授粉，但花柱却可以用来扫掉周围相邻花药上的花粉。同样，一些鱼类的鱼鳔因为漂浮的功能退化了，但它们变成了原始的呼吸器官或肺。

在同一物种个体中，基本器官在发育程度和其他方面可能会发生变异。而在亲缘关系密切的物种中，同一个器官退化的程度有时也有很大的不同。有时器官会完全萎缩，意味着一些动植物已经没有了某些器官。我们可以通过类推和寻找退化器官来发现这些变化。在追踪同一部位的同源作用时，利用和寻找退化器官是非常必要的。

有些器官或部位在胚胎阶段会出现，但在成体身上却消失了，这是很普遍的现象。这些被称为退化器官的部位或器官往往不再有用处，有时甚至是不完善的。

退化器官的起源可能很简单。人工饲养的动物中有很多退化器官的例子，比如无尾品种的尾巴痕迹、无耳品种的耳朵痕迹，还有无角牛品种重新出现的小角。在自然界中，这些器官可能会逐渐缩小，直到最终退化。比如栖息在暗洞里的动物的眼睛会逐渐退化，栖息在海岛上的鸟类翅膀因很少被迫起飞而最后失去了飞行能力。有时，器官在某种条件下是有用的，但在其他条件下可能是有害的。比如栖息在开阔小岛上的甲虫的翅膀。在这种情况下，自然选择会逐渐缩小这些器官，直到它们成为无害的退化器官。

退化器官可以通过自然选择和遗传变异来形成，当一个器官的原本用途变得无用或有害时，它可以变化用作他用，或者仅仅保留之前各种功能中的一个。退化过程通常发生在生物到达成熟期而势必发挥全部活动力量的时候。因为节约原则的存在，任何部位或构造的材料，如果对所有者没有用处，就会尽可能地被节省掉，这也会倾向于造成退化器官完全消失。退化器官的存在可以追溯到很久以前，它们好比单词中的某些字母，虽然不发音，但是仍然保留在拼写中，可以用作追踪单词起源的线索。根据变异遗传的观点，退化器官不仅不是难点，甚至可以预料，可以用遗传法则解释。

第十四章

回顾与结论

这本书讲述了自然选择理论。虽然有人反对这个理论，但本书已经尽力说明了这些反对意见的不合理之处。自然选择理论认为，生物的构造和本能是通过微小变异逐步积累而来的，而不是由人类的理性或其他超越理性的方式创造的。这些命题的正确性是无可争辩的，因为生物体的所有部位和本能都至少存在个体差异，生存斗争使有利的构造或本能得到保存，每个器官都可能有过从简单到完善的各种对自身有利的状态。

　　虽然我们无法确定许多构造是如何逐步完善起来的，但我们可以看到自然界中存在许多奇怪的中间类型。正如格言所说"自然界没有飞跃"，我们不能随意地说任何器官或本能无法逐步达到它目前的状态。

　　物种在初次杂交中几乎普遍的不育性，和变种在杂交中几乎普遍的可育性，形成极其明显的对比，关于这一点我必须请读者参阅第八章末所提出的现象的概述。在我看来，这些事实最终表明，这种不育性不是一种特殊的禀赋，就像两棵树不能嫁接在一起一样，只是基于杂交物种生殖系统的体质差异而发生的。变种杂交的可育性及变种杂交后代的可育性并不是一成不变的。而用于实验的品种大多是驯化产生的，驯养显然更倾向于消除不育。

自然选择理论中，有一个很难解释的问题就是物种分布的地理位置。同一种物种或同一属的不同物种，它们都是共同祖先的后代，因此它们在地球上的分布是连续的。但是，我们也知道有些物种会出现在相隔很远的地方，它们一定是在连续的世代中，从某一地点迁移到其他地点的。不连续或中断的分布，常常可以通过物种在中间地带的灭绝来解释。

我们还不完全了解在晚近时期内曾经影响地球的各种气候变化与地理变化，而这些变化则常常有利于迁移。例如，我说明了冰川期对同一物种和代表性物种在地球上分布有很重要的影响。对于居住在非常遥远和孤立地区的同一属的不同物种，由于变异的过程非常缓慢，所以它们有足够多的时间，以及许多我们不了解的物种传播的方式，这些物种可能会使用任何一种迁移方式。因此，我们可以理解为什么同属物种分布如此广泛。

虽然世界上现存的生物与灭绝的生物之间有无数连接的中间类型已经灭绝，但为什么在每个地层中没有填满这些中间类型呢？为什么每一次采集的化石标本没有为生物类型的逐步变异提供明证呢？我们没有遇到这样的证据，这是许多反对自然选择理论的人们中最有力的一个反对意见。对于这些问题和异议，我只能回到第九章的假设来解释。大家都承认，地质记录是不完善的，但是很少有人愿意承认，它不完善到我所认为的程度。我们有记录的那部分的时间，对于任何生物来说都不够用来变异，而亘古以来，我们常常无法正确衡量时间的长度。所有博物馆内的标本数量，和曾经生存过的无数物种的无数世代相比，都是微不足道的。如果我们观察足够长的间隔时期，地质学清楚地表明，所有物种都发生了变异。它们已经按照我的理论所要求的方式发生了变异，这种变异是缓慢而渐进的。我们清楚地看到，相比时间相隔久远的地层中的化石，连续地层中的化石彼此间的联系是更近的。

这就是对我的理论提出的几个主要反对意见和难点。现在我简单地概括一下可以给他们的答案和解释。多年来我一直感到这些难点沉甸甸的，我不怀疑它们的分量。但值得特别注意的是，承认无知很重要，而且我们也不知道自己到底有多无知。我们不知道在最简单的器官和最完美的器官之间所有可能的中间类型。我们不能假装知道在漫长的岁月中出现过的传播方式，或者我们不能假装已经知道地质记录到底多么不完善。虽然这几个难点很难，但依我的判断，它们并不足以推翻自然选择理论。

现在让我们转向争论的另一方面。

在动植物的驯化过程中，我们发现了很多变异。这是因为生殖系统非常容易受到生活条件变化的影响。虽然生殖系统不会完全失去育种能力，但也不可能繁殖出与父母完全相同的后代。变异是由许多复杂的规律所支配的，包括生长的相关性、使用和弃用，以及生存条件的直接作用。确定我们的驯化生物经历了多少变化是很难的，但我们有理由相信这种变异量很大，而且可以长期遗传。只要生存条件不变，已经遗传了多代的变异性状可能会继续遗传下去。此外，我们还发现变异性一旦开始发挥作用，就不会完全停止。即使最古老的驯化物种，仍会偶尔产生新的变种。

变异性并不是由人类创造的，而是由自然对生物的影响引起的。人类只是无意识地将生物放在新的生活条件下，从而影响了生物的变异。人类选择自然给予的变异并将其累积起来，以满足自己的利益或喜好。人类通过选择每一代中的微小个体差异来影响物种的性状。这种选择过程是产生最独特和最有用的人工养殖品种的重要途径。许多人工养殖品种在很大程度上具有自然物种的性状。我们很难判断这些品种最初是变种还是不同的物种。

在自然界中，所有生物都要面对生存斗争。这是因为生物繁殖速度非常快，导致它们之间存在着激烈的竞争。在这场斗争中，每个生物的生存和繁衍都是由天平上轻微的差异来决定的。如果一个生物在某些方面比其他生物稍微占优势，它就有更大的机会生存和繁衍后代。这些小的差异可以在一代代中累积，逐渐形成新的物种或变种。

在动物中，雄性之间经常会为了争夺雌性而发生斗争。最强壮、最有力或者最适应环境的雄性会留下更多的后代。这通常取决于它们是否拥有特殊的武器、防御形式或吸引力等，即使是微弱的优势也可以促使雄性取得胜利。

物种与变种之间的区分并不明确，因为每个物种最初都是从一个变种演变而来的。在一个地区，同一个属的许多物种可能存在，并且它们可能呈现出许多变种。大属的物种之间的差异通常比小属的物种之间的差异要小，因此它们类似于变种。自然选择会保留每个物种差异最大的后代，并且会促使同一物种的变种之间的微小差异扩大为同一属的物种之间的较大差异。新的改进品种将不可避免地取代和淘汰较老、改进较少和中间的品种。因此，物种在很大程度上被描绘成明确而独特的群体。在自然系统中，较大的群体往往会产生新的优势物种，从而导致群体规模和性状的分歧增加。不是所有的群体都能成功地扩大规模，因为世界容纳不下它们，所以优势较大的群体打败了优势较小的群体。因此，所有生物一级群体从属于另一级群体的排列方式，以及所有生物仅仅形成少数几个纲的现象可以被解释。用特创论完全无法解释这种组织形式。

自然选择是一种逐步进行的过程，只能通过累积轻微、有利的变异来发挥作用。因此，它不能产生突然的变化，只能按照短小而缓慢的步骤发生作用。每次获得新知识时，都会更加证明"自然界没有飞跃"这一观点的正确性，也符合自然选择理论。

许多事实都可以用自然选择理论来解释。例如，与啄木鸟类似的鸟以地面上的昆虫为食，生活在高地、很少或从不游泳的鹅却拥有蹼足，鸊鷉可以潜水并吃水中的昆虫，海燕具有适合海鸟或鹈鹕生活的习性和构造。这些现象并不奇怪，因为自然选择总是让每个物种的后代缓慢变异，以适应自然界中未被占据或未被占尽的地方。

由于自然选择是通过竞争发挥作用的，所以它只让每个地方的生物相对于其他生物产生适应和改善。虽然每个地方的物种都是在当地被创造出来的，特别适应当地的环境，但它们仍然可能被来自另一片土地上的归化生物打败并取代。

自然界中的一切设计并不是完美的，有些甚至与我们的观念相反。例如，蜜蜂的刺会引起蜜蜂自己的死亡，为了一次交配而产生的雄蜂会被不育的姐妹们杀死，枞树花粉数量过多浪费，蜂后对于可育的女儿们具有本能仇恨，姬蜂在毛虫的活体内寻找食物，等等。这些例子不足为奇，因为自然选择理论看来，没有更多完美的例子。

自然选择是一种很重要的进化方式，它让生物的后代适应自然环境，从而生存下来。在自然选择中，每个生物的轻微变异都会被累积起来，最终形成新的物种或变种。这个过程非常缓慢，不可能突然发生大变化。因此，我们可以用"自然界没有飞跃"这句话来形容自然选择的特点。

我们还发现，有些生物在新环境中会表现出与当地物种相似的性状，这说明在适应新环境的过程中，使用和弃用也有一定影响。此外，我们还可以看到，有些生物会恢复消失已久的性状，而这也是创造理论无法解释的。但是，如果我们认为每个物种都是从一个共同的祖先演化而来的，这些现象就变得很容易解释了。

而物种的性状比属的性状更容易发生变异。这可以用变种是物种的变体这个观点来解释。因为变种是从共同祖先分支出来的，所以它们之间存在的差异相对较小，这就让它们更容易继续变异。另外，我们还发现，某些器官发育异常的物种并不一定更容易发生变异，因为它们的这个器官可能是长期遗传的结果，已经变得非常稳定了。

让我们再看一看动物们的分布情况。如果我们承认过去的气候和地理变化，还有很多偶然和未知的扩散方法，可能让动物在漫长的岁月里从一个地方迁移到另一个地方，那么我们就能理解为什么它们在不同地方有相似的特征。因为它们都有同样的祖先，而且遗传变异的方式也相似。即使在不同的气候和环境中，同一种动物也可能存在。这对于旅行者来说可能很神奇，但我们可以理解，因为它们都是同一祖先的后代。地球上两个地区的自然环境可能非常相似，这意味着它们的生物可能也相似，因为它们都可以生存。然而，如果这两个地区在很长一段时间内隔离开来，它们的生物就可能变得截然不同。因此，生物与生物之间的关系非常重要。有时候，两个地区的生物可能在不同的时间接受了不同比例的移民，这就会导致它们的遗传变异方式不同。

根据科学理论，生物会在长时间的演化和变化过程中发生迁移，并随之产生变异。这种观点可以帮助我们理解为什么只有少数动物生活在海岛上，而且它们通常都是特殊类型。那些不能横渡海洋的动物，如蛙类和陆生哺乳动物，就不会生活在海岛上。而那些能够横渡海洋的动物，如蝙蝠，它们的特殊新物种通常会存在于远离大陆的岛屿上。这一观点对于解释特创论所不能解释的现象，如海岛上存在蝙蝠但没有陆生哺乳动物，提供了合理的解释。

根据自然选择理论，如果两个地区存在很多相似的物种，这说明相同的亲本类型曾经在两个地区生存过。

在任何地方，如果有很多非常相似但又有区别的物种存在，那么相同类群的存疑类型和物种也会在那里存在。每个地区的生物都与距离最近的迁移源头的生物相似，这是一条普遍规律。例如，加拉帕戈斯群岛、胡安费尔南德斯群岛和其他美洲岛的动植物，与邻近美洲大陆的动植物非常相似。同样地，在佛得角群岛等非洲岛上的生物也与非洲大陆上的生物有类似的关系。这些事实无法通过特创论来解释，因此我们需要相信科学的自然选择理论。

所有生物都可以被归类到一个自然系统中，这个系统是由一些群体组成的，其中一些群体比其他群体更大，而且一些已经灭绝的群体与现存的群体之间有很多相似之处。这些事实可以用自然选择理论来解释，因为自然选择理论认为灭绝和性状的变异是偶然的。同样的原理也适用于不同物种之间的相互关系，它们之间的关系非常复杂和曲折。某些性状对于分类来说更有用，而适应性状对于分类却没有多大作用。奇怪的是，那些没有用处的部位常常对于分类来说很重要，而胚胎性状对于分类来说也非常重要。所有生物之间的真正关系都是由遗传或传承的共同性所决定的。自然系统是一种依照谱系的排列，这意味着我们必须通过恒定的性状来发现生物之间的传承关系，尽管这些性状的重要性可能非常微不足道。

生物的手、蝙蝠的翅膀、海豚的鳍和马的腿，以及其他很多部位，都由相似的骨骼构成。这些部位原本相似，但随着时间的推移，它们渐渐发生了变异。所以，我们看到这些部位的构造样式都相似。这种连续变异的理论还可以解释哺乳动物、鸟类、爬行动物、鱼类的胚胎如此相似，而成体却不同的原因。在生物的生长过程中，某些器官因习性或生存环境的变化而变得不再有用时，它们可能会弃用并变小。这也解释了为什么有些器官或部位在某些物种中退化了，比如小牛的牙齿从未钻出过上牙床。大自然通过退化器官、胚胎构造和同源构造告诉我们她的改变计划，我们应该学会理解她的用心。

一些博物学家认为，每个种内都有许多看似不同的物种，而其他一些物种则是独立创造的。这个观点在我看来很奇怪。这些生物类型曾被认为是特别创造出来的，现在却被认为是由变异产生的，但他们并没有确定哪些是独立创造的，哪些是由变异产生的。他们对变异的接受程度不一，缺乏解释这些不同的态度的理由。他们觉得，奇迹般的创造行为和一般的生殖行为没有什么区别。但是他们没有解释每次创造行为如何产生一个或多个个体，以及哪些物种是以卵或种子的形式，哪些是成熟个体的形式被创造出来的。

虽然博物学家要求对每个难点作出充分的解释，但他们自己却忽略了物种最初出现的这个问题。我希望未来的博物学家能够不带偏见地去探究这个问题，不管他们最终得出了什么结论，只有这样，我们才能更好地理解自然界。

有人可能会问，自然选择理论适用于哪些生物类型。虽然答案并不容易，但有些关键的观点可以适用于各种不同类型的生物。例如，同一类别的动物都有着相同的亲缘关系，并且可以按照一种从属于另一种的方式排列。化石遗骸有时能够填补现存生物之间的巨大空缺。在某些情况下，这意味着后代曾发生过大量变异。此外，各种构造都遵循同样的形式，而且胚胎期的动植物都非常相似。因此，自然选择理论适用于同一类别的所有生物。

此外，我相信动物至多是从四到五个祖先演化而来的，植物也是由同样数量或更少的祖先演化而来的。类比法可以帮助我们更深入地理解这一观点，因为所有生物的化学成分、细胞构造、生长规律以及对有害影响的敏感程度都有很多共同点。我们可以通过观察微不足道的现象，如同一种有毒物质如何影响动植物，来推断所有生物都是从某种原始形式演化而来的。例如，瘿蜂分泌的毒液能让野玫瑰或橡树畸形生长。这些共同点支持着生物共同起源的可能性。

这本书讲了关于生物起源的理论，如果这个理论被广泛接受，那么分类学将会发生很大的变化。现在，分类学家必须判断一个生物是不是一个真正的物种，这是非常困难的。但是，如果我们接受这个新理论，分类学家们只需要确定一个生物是否稳定，是否能够与其他生物区别开来，然后给它一个定义。如果一个生物可以被定义，并且与其他生物有足够的不同之处，那么它可以被认为是一个物种。这个新理论将使我们更加关注生物之间的实际差异，而不是单纯依靠是否存在中间类型来判断是不是物种。因此，可能会有一些生物类型被重新定义为物种，就像报春花和黄花九轮草一样。我们应该像分类学家对待属一样对待物种，认为它只是为了方便的人为组合，而不是寻找"物种"这一术语的本质。

未来，博物学将会引起更多人的兴趣。我们将更加理解博物学中的专业术语，比如"亲缘关系""形态学"等。我们将不再认为生物是完全超出自己理解范围的事物，而是看待它们的漫长历史和复杂构造，认为它们是很多因素的综合体。这将使博物学研究更加有趣。

研究领域将会更广，比如变异的原因、使用与弃用的效果、外界条件的直接作用等。人工养殖也会更加重要，因为研究人类培育出的新品种将成为更关键、更有趣的研究课题。分类学将按照谱系进行工作，使规则更加简单。我们将依据各种性状去发现自然谱系中的线索，退化的器官也能显示生物丢失已久的构造。异常的物种和物种群将帮助我们了解古代生物的整体面貌，而胚胎学则可以揭示各个大纲原型生物的构造。

当我们观察周围生物的多样性和复杂性时，我们会惊叹于它们是由于生殖、生长、遗传、生存条件和身体部位的使用和弃用所产生的变异。高生殖率导致物种内的生存竞争，进而导致自然选择和较差类型的灭绝。自然界的战争、饥饿和死亡，促使了高等动物的产生，这是最好的结果。生命最初被吹入几种或一种类型的体内，随着地球旋转，无数美丽而神奇的生命类型就从最简单的开端演化出来了。这种生命观是何等壮丽！令人惊叹！

物种起源

作者 _ [英]达尔文　　译者 _ 傅力

产品经理 _ 黄迪音　　装帧设计 _ 廖淑芳　　产品总监 _ 李佳婕

技术编辑 _ 顾逸飞　　责任印制 _ 杨景依　　出品人 _ 许文婷

果麦

www.guomai.cn

以 微 小 的 力 量 推 动 文 明

图书在版编目（CIP）数据

物种起源 /（英）达尔文著；傅力译. -- 昆明：云南人民出版社，2024. 9. -- ISBN 978-7-222-23031-6

Ⅰ. Q111.2-49

中国国家版本馆CIP数据核字第2024PY3901号

责任编辑：陈浩东
责任校对：刘　娟
责任印制：李寒东

物种起源
WUZHONG QIYUAN
[英] 达尔文 著　　傅力 译

出　版　云南人民出版社
发　行　云南人民出版社
社　址　昆明市环城西路 609 号
邮　编　650034
网　址　www.ynpph.com.cn
E-mail　ynrms@sina.com
开　本　880mm×1230mm　1/32
印　张　7
字　数　100 千字
版　次　2024 年 9 月第 1 版　2024 年 9 月第 1 次印刷
印　刷　天津丰富彩艺印刷有限公司
书　号　ISBN 978-7-222-23031-6
定　价　45.00 元